对接世界技能大赛技术标准创新系列教材

技工院校一体化课程教学改革焊接加工专业教材

金属材料切割

人力资源社会保障部教材办公室　组织编写

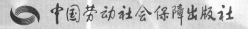
中国劳动社会保障出版社

world skills
China

简介

本套教材为对接世赛标准深化一体化专业课程改革焊接加工专业教材，对接世赛焊接项目，学习目标融入世赛要求，学习内容对接世赛技能标准，考核评价方法参照世赛评分方案。

本书主要内容包括碳素结构钢火焰切割、不锈钢等离子弧切割和铝合金激光切割。

图书在版编目（CIP）数据

金属材料切割 / 人力资源社会保障部教材办公室组织编写 . -- 北京：中国劳动社会保障出版社，2021

对接世界技能大赛技术标准创新系列教材　技工院校一体化课程教学改革焊接加工专业教材

ISBN 978-7-5167-4995-1

Ⅰ . ①金…　Ⅱ . ①人…　Ⅲ . ①金属材料 - 切割 - 技工学校 - 教材　Ⅳ . ①TG48

中国版本图书馆 CIP 数据核字（2021）第 180067 号

中国劳动社会保障出版社出版发行

（北京市惠新东街 1 号　邮政编码：100029）

*

北京市白帆印务有限公司印刷装订　　新华书店经销

880 毫米 ×1230 毫米　16 开本　12.25 印张　286 千字

2021 年 10 月第 1 版　　2021 年 10 月第 1 次印刷

定价：34.00 元

读者服务部电话：（010）64929211/84209101/64921644

营销中心电话：（010）64962347

出版社网址：http://www.class.com.cn

http://jg.class.com.cn

对接世界技能大赛技术标准创新系列教材

编审委员会

主　　任: 刘　康

副主任: 张　斌　王晓君　刘新昌　冯　政

委　　员: 王　飞　翟　涛　杨　奕　张　伟　赵庆鹏

　　　　　姜华平　杜庚星　王鸿飞

焊接加工专业课程改革工作小组

课 改 校: 宁波技师学院　攀枝花技师学院　承德技师学院

　　　　　黑龙江技师学院　徐州工程机械技师学院

　　　　　山东工程技师学院　广西工业技师学院

　　　　　首钢技师学院

技术指导: 刘景凤

编　　辑: 吴　岚　盛秀芳

本书编审人员

主　　编: 陈　信　杨培强

参　　编: 张志犇　李晓霞　黄　海　郝云鹤　田董扩

　　　　　潘鹏飞　黄　强　茹　晋　牛文成

主　　审: 裘红军

序

　　世界技能大赛由世界技能组织每两年举办一届，是迄今全球地位最高、规模最大、影响力最广的职业技能竞赛，被誉为"世界技能奥林匹克"。我国于2010年加入世界技能组织，先后参加了五届世界技能大赛，累计取得36金、29银、20铜和58个优胜奖的优异成绩。第46届世界技能大赛将在我国上海举办。2019年9月，习近平总书记对我国选手在第45届世界技能大赛上取得佳绩作出重要指示，并强调，劳动者素质对一个国家、一个民族发展至关重要。技术工人队伍是支撑中国制造、中国创造的重要基础，对推动经济高质量发展具有重要作用。要健全技能人才培养、使用、评价、激励制度，大力发展技工教育，大规模开展职业技能培训，加快培养大批高素质劳动者和技术技能人才。要在全社会弘扬精益求精的工匠精神，激励广大青年走技能成才、技能报国之路。

　　为充分借鉴世界技能大赛先进理念、技术标准和评价体系，突出"高、精、尖、缺"导向，促进技工教育与世界先进标准接轨，完成我国技能人才培养模式，全面提升技能人才培养质量，人力资源社会保障部于2019年4月启动了世界技能大赛成果转化工作。根据成果转化工作方案，成立了由世界技能大赛中国集训基地、一体化课改学校，以及竞赛项目中国技术指导专家、企业专家、出版集团资深编辑组成的对接世界技能大赛技术标准深化专业课程改革工作小组，按照创新开发新专业、升级改造传统专业、深化一体化专业课程改革三种对接转化原则，以专业培养目标对接职业描述、专业课程对接世界技能标准、课程考核与评价对接评分方案等多种操作模式和路径，同时融入健康与安全、绿色与环保及可持续发展理念，开发与世界技能大赛项目对接的专业人才培养方案、教材及配套教学资源。首批对接 19 个世界技能大赛项目共 12 个专业的成果将于 2020—2021 年陆续出版，主要用于技工院校日常专业教学工作中，充分发挥世界技能大赛成果转化对技工院校技能人才的引领示范作用。在总结经验及调研的基础上选择新的对接项目，陆续启动第二批等世界技能大赛成果转化工作。

希望全国技工院校将对接世界技能大赛技术标准创新系列教材，作为深化专业课程建设、创新人才培养模式、提高人才培养质量的重要抓手，进一步推动教学改革，坚持高端引领，促进内涵发展，提升办学质量，为加快培养高水平的技能人才作出新的更大贡献！

2020年11月

目　　录

学习任务一　碳素结构钢火焰切割

学习目标

1. 能根据切割作业环境需要，选择、穿戴并维护安全防护用品。

2. 能读懂生产任务单、图样和切割工艺文件，明确工作任务、技术要求和质量标准。

3. 能按要求领取原材料，核对材料的牌号、规格及数量。

4. 能按工艺文件要求完成材料表面清理、放样、划线、标识等工作，使材料达到切割要求。

5. 能按要求选择切割设备、切割气体和工具等，能检查并确保设备、工具、作业场地和周围环境符合安全要求。

6. 能按工艺文件要求调节切割工艺参数，规范使用设备、切割气体和工具，完成切割、清理和标识移植等工作。

7. 能按质量检验标准进行自检并填写自检记录。

8. 能与相关人员进行有效沟通，获取解决问题的方法和措施，解决工作过程中的常见问题。

9. 能对设备和工具等进行日常维护及保养。

10. 能积极主动展示工作成果，对工作过程中出现的问题进行反思和总结，优化加工方案和策略，具备知识迁移能力。

建议学时

40 学时。

工作情境描述

某学校焊接班接到实习鉴定处的生产任务，为二年级某焊接班学生准备本学期技能鉴定考试用焊接试件，按生产任务单和图样要求完成 300 件标准焊接试件（300 mm × 120 mm × 12 mm）的下料任务，下料完成后经检验合格，交付实习鉴定处，供二年级学生进行焊接技能鉴定考试用。

工作流程与活动

学习活动 1　明确工作任务（8 学时）

学习活动 2　技能准备（12 学时）

学习活动 3　制订计划（4 学时）

学习活动 4　任务实施（8 学时）

学习活动 5　质量检验（4 学时）

学习活动 6　总结与评价（4 学时）

学习活动1　明确工作任务

学习目标

1. 能识读生产任务单，明确工作任务及工作要求。

2. 能识读碳素结构钢焊接试件图，明确技术要求。

3. 能认知碳素结构钢、低合金钢的牌号及其含义。

4. 能识读加工工艺卡，明确加工方法。

5. 能明确不同牌号碳素结构钢、低合金钢的性能及用途。

6. 能与相关人员进行有效沟通，获取解决问题的方法和措施，解决工作过程中的常见问题。

7. 能积极主动展示工作成果，对工作过程中出现的问题进行反思和总结，优化加工方案和策略，具备知识迁移能力。

学习活动描述

我班接到学校实习鉴定处的生产任务，为二年级某焊接班学生准备本学期技能鉴定考试用焊接试件。班组长从教师处领取火焰切割技术文件，在教师指导下，班组长组织本组成员完成对工艺文件的识读和分析，明确工作任务的内容、技术要求和工艺方法等。

子活动与建议学时

子活动1　识读工艺文件（7学时）
子活动2　学习活动评价（1学时）

学习准备

资料：教材、学习工作页、图样、生产任务单、火焰切割工艺卡和课件等。

子活动 1　识读工艺文件

工艺文件是指导生产操作，制订生产计划，调动劳动组织，安排物资供应，进行技术检验、工艺装备设计与制造、工具管理、经济核算等的依据，它能切实指导生产，保证生产稳定进行。

学习小组从教师处领取本次切割生产任务的相关工艺文件，在教师指导下，以小组为单位认真阅读并分析工艺文件，获取生产任务的相关信息，完成以下问题。

一、识读生产任务单

仔细阅读生产任务单（表 1-1-1），按照生产任务单提供的基本信息，查阅相关资料，明确工作任务的内容和要求。通过小组讨论，完成生产任务单的填写。

表 1-1-1　　　　　　　　　　生产任务单

单　　号：＿＿＿＿＿＿＿＿＿＿＿＿　　　　　　　开单时间：＿＿＿年＿＿＿月＿＿＿日

开单部门：＿＿＿＿＿＿＿＿＿＿＿＿　　　　　　　开单人：＿＿＿＿＿＿＿＿＿＿＿

接单人：＿＿＿＿部＿＿＿＿组＿＿＿＿　　　　　　签　名：＿＿＿＿＿＿＿＿＿＿＿

以下由开单人填写

产品名称	材料	数量	技术标准、质量要求
焊接试件	Q235	300 件	按图样要求
任务细则	1. 到仓库领取相应的材料 2. 根据技术要求，选用合适的工具、量具和设备 3. 根据加工工艺进行加工，并交付检验 4. 填写生产任务单，清理工作场地，完成工具、量具和设备的维护与保养		
任务类型	火焰切割	完成工时	8 h
领取材料		仓库管理员（签名）	
领取工具、量具		年　月　日	
完成质量 （小组评价）		班组长（签名） 　　　　　　　　年　月　日	
用户意见 （教师评价）		用户（签名） 　　　　　　　　年　月　日	
改进措施 （反馈改良）			

注：生产任务单与焊接试件图、工艺卡一起领取。

1．阅读生产任务单，明确工件名称、制作材料、工件数量和完成时间。

工件名称：_____；制作材料：_____；

工件数量：_____；完成时间：_____。

2．碳素结构钢的分类、成分、性能及应用

（1）钢是指以_____为主要元素，含碳量一般在_____以下，并含有其他元素的材料。按化学成分不同，钢可分为_____、_____和_____3种。

（2）把含碳量小于_____且不含有特意加入合金元素的钢称为非合金钢。碳素结构钢是非合金钢的一种，其主要化学成分是_____和_____，还有少量的_____、_____、_____和_____。

（3）非合金钢的分类及用途

1）非合金钢按质量等级不同可分为_____、_____和_____3种。

2）碳素结构钢主要用于制造各种机械_____和工程_____，其含碳量一般都小于0.70%，属于_____和_____系列。

3）碳素工具钢主要用于制造各种刀具、量具和模具，其含碳量一般大于_____%，属于高碳钢范畴。

（4）普通碳素结构钢冶炼容易，工艺性_____，价格_____，在力学性能上也能满足工程结构及普通机器零件的要求，因此应用范围广，但普通碳素结构钢中的硫、磷和非金属夹杂物含量比优质碳素结构钢多，在相同含碳量及热处理条件下，其_____性、_____性较低，加工成形后一般不进行热处理，大都在热轧状态下直接使用，通常轧制成_____、带材及各种_____。

（5）普通碳素结构钢的牌号是由代表屈服强度的汉语拼音字母"Q"和屈服强度值、质量等级代号及脱氧方法4个部分按顺序组成，如Q235AZ表示屈服强度为_____的A级钢。

（6）优质碳素结构钢属于_____非合金钢，优质碳素结构钢的牌号由两位阿拉伯数字表示，这两位阿拉伯数字表示该钢平均含碳量的_____之几，例如，45表示平均含碳量为_____%的优质碳素结构钢；08表示平均含碳量为_____%的优质碳素结构钢。

（7）解释下列钢牌号的含义

1）Q235BZ：

2）45：

（8）碳素结构钢的性能及用途

1）Q235是指这种材质的屈服强度约为_____，且其屈服强度会随着材质厚度的增加而减小，由于其含碳量适中，综合性能_____、_____和焊接性能等较好，因此用途最为广泛。Q235常轧制成_____、圆钢、_____、扁钢、角钢、工字钢、_____、窗框等型钢。中厚钢板大量用于_____及_____结构。

2）Q235 按质量等级可分为 A、B、C、D 4 个等级，A 级、B 级、C 级、D 级的_____含量依次递减，A 级、B 级的_____含量相同，C 级次之，D 级最少。Q235A 级、B 级属于_____，Q235C 级、D 级属于_____。A 级、B 级用于制造金属结构件、心部强度要求_____的渗碳件或碳氮共渗件、螺栓、螺母、套筒、轴以及焊接件；C 级、D 级用于制造_____的焊接结构件。

3）查阅资料，完成下列问题：

① Q235 属于（　　　）。

A．合金钢　　　　　　　　B．碳素钢　　　　　　　　C．铸铁

② Q235 属于（　　　）。

A．高碳钢　　　　　　　　B．低碳钢　　　　　　　　C．中碳钢

③ Q235 属于（　　　）。

A．普通碳素结构钢　　　　B．优质碳素结构钢　　　　C．高级优质碳素结构钢

④ Q235 属于（　　　）。

A．结构钢　　　　　　　　B．工具钢　　　　　　　　C．容器用钢

⑤ Q235 后不标级别时属于（　　　）级。

A．A　　　　　　　B．B　　　　　　　C．C　　　　　　　D．D

3．低合金钢

（1）低合金钢是合金元素总含量小于_____% 的合金钢。低合金钢是相对于_____钢而言的，是在碳钢的基础上，为了改善钢的一种或几种性能，而有意向钢中加入一种或几种_____元素。加入的合金元素含量超过碳钢正常生产方法所具有的一般含量时，称这种钢为_____钢。当合金元素含量低于_____% 时称为低合金钢；合金元素含量在_____之间称为中合金钢；合金元素含量大于_____% 时称为高合金钢。

（2）低合金高强度钢的分类

1）按质量等级分，低合金高强度钢可分为_____低合金钢、_____低合金钢和特殊质量低合金钢。

2）按主要性能及使用特性分，低合金高强度钢可分为可焊接的_____结构钢、低合金_____钢和低合金专业用钢。

（3）低合金钢的牌号

1）低合金钢的牌号由表示屈服强度的汉语拼音首字母_____、最低_____数值和质量等级代号（A、B、C、D、E）3 部分按顺序组成。

2）解释低合金钢牌号"Q355C"的含义。

Q355C：

4．查阅相关资料，完成下列问题

（1）图 1-1-1 所示型材 1 的名称是_____，规格表示为_____。

（2）图 1-1-2 所示型材 2 的名称是_____，按厚度可将其分为厚度为_____mm 的薄板，厚度为_____mm 的中板，厚度为_____mm 的厚板，厚度大于_____mm 的特厚板。

图 1-1-1　型材 1

图 1-1-2　型材 2

（3）图 1-1-3 所示型材 3 的名称是_____，规格表示为_____。

（4）图 1-1-4 所示型材 4 的名称是_____，规格表示为_____。

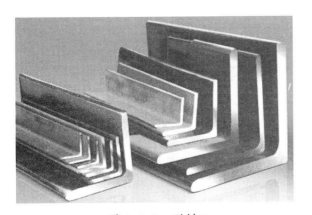

图 1-1-3　型材 3

图 1-1-4　型材 4

（5）图 1-1-5 所示型材 5 的名称是_____，规格表示为_____。

（6）图 1-1-6 所示型材 6 的名称是_____，规格表示为_____。

图 1-1-5 型材 5

图 1-1-6 型材 6

二、识读图样

识读焊接试件图（图 1-1-7），明确图样基本信息，完成下列问题。

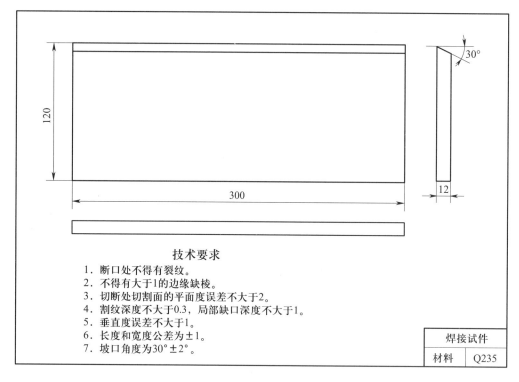

技术要求

1. 断口处不得有裂纹。
2. 不得有大于1的边缘缺棱。
3. 切断处切割面的平面度误差不大于2。
4. 割纹深度不大于0.3，局部缺口深度不大于1。
5. 垂直度误差不大于1。
6. 长度和宽度公差为±1。
7. 坡口角度为30°±2°。

焊接试件	
材料	Q235

图 1-1-7 焊接试件图

1. 识读图 1-1-7 的技术要求，写出焊接试件长度和宽度的上、下极限尺寸。

2．查阅资料，简述切割断面的表面粗糙度、垂直度公差的含义，并用图示表示。

3．简述焊接试件的外形尺寸特征。

4．如图 1-1-7 所示，钢板材料牌号为＿＿＿＿＿＿，规格（厚度）为＿＿＿＿＿＿，切割下料尺寸为＿＿＿＿＿＿。

5．由图 1-1-7 的技术要求可知，坡口角度允许误差为＿＿＿＿＿＿。

三、识读工艺卡

识读表 1-1-2 火焰切割工艺卡，查阅相关资料，明确工艺卡的内容及要求，完成下列问题。

表 1-1-2 火焰切割工艺卡

割件名称	焊接试件				编号			
规格	12 mm	材料		Q235	切割方法		火焰切割	
工艺流程								
材料准备	实尺放样	割前准备	实施切割	割后清理	自检	外观质量检验项目		
						形状	尺寸	清理打磨
√	√	√	√	√	√	√	√	√
切割工艺								
序号	项目	要求		序号	项目		要求	
1	切割方法	火焰切割		5	切割速度		40 ~ 80 mm/min	
2	氧气压力	0.3 ~ 0.4 MPa		6	火焰性质		中性焰或轻微氧化焰	
3	乙炔压力	0.03 ~ 0.04 MPa		7	火焰能率		合适	
4	割炬倾角	后倾 80° 或垂直		8	喷嘴至割件表面的距离		3 ~ 5 mm	

操作要领：

1. 用钢丝刷把割件表面的锈蚀、尘垢等彻底清理干净，将清理好的割件用耐火砖或专用支架垫空，下面铺一块薄铁板（防止切割时水泥地面炸裂）。

2. 点火前先检查割炬的射吸力是否正常。打开乙炔调节阀少许，放掉气路中可能存有的空气，然后打开预热氧调节阀少许，再打乙炔调节阀 1/3 圈，两种气体在割炬内混合后，从喷嘴喷出，此时将喷嘴靠近火源即可点燃。点燃时，拿火源的手不要对准喷嘴，也不要将喷嘴指向他人或可燃物，以防发生事故。刚开始点火时，可能出现连续的放炮声，原因是乙炔不纯，需重新点火。如果氧气开得太大，会出现点不着的现象，这时可将氧气阀关小。火焰点燃后调整为中性焰。

3. 火焰调整好后，再开启切割氧阀门，观察火焰中心切割氧流产生的圆柱状风线是否正常，若风线直而长，并处在火焰中心，说明喷嘴良好；否则，应关闭火焰，用通针对喷嘴喷孔进行修理后再试。

4. 预热起割位置到亮红色时，慢慢开启切割氧调节阀转入正常切割，起割后割炬的移动速度要均匀，喷嘴与割件表面的距离保持在 3 ~ 5 mm，托稳割炬，防止喷嘴在移动中高低起伏过大而造成回火。

5. 气割临近终点时，将割炬沿气割方向后倾一个角度，使割件下部提前割透，使割缝在收尾处较整齐。气割结束后，应迅速关闭切割氧调节阀，并将割炬抬高，再关闭乙炔调节阀，最后关闭预热氧调节阀，并将割炬抬起。

质量检验要求			
外观检查	形状	尺寸	表面打磨
	符合图样要求	符合图样要求	符合技术要求

安全注意事项：

1. 每个氧气减压器和乙炔减压器上只能装一把割炬。

2. 必须分清氧气胶管和乙炔胶管，新胶管使用前应将管内杂质和灰尘清理干净，以免堵塞喷嘴，影响气流流通。

3. 氧气瓶集中存放的地方 10 m 范围内不允许有明火，更不得有焊接电缆从瓶下通过。

4. 气割操作前应检查气路是否有漏气现象；检查喷嘴有无堵塞现象，必要时用通针修理喷嘴。

5. 气割时必须穿戴规定的工作服、手套和护目镜。

6. 点火时可先开适量乙炔，后开少量氧气，避免产生丝状黑烟，严禁用烟蒂点火，避免烧伤手。

7. 气割过程中发生回火时，应先关闭乙炔阀，再关闭氧气阀。

8. 气割结束后，应将氧气阀和乙炔阀关紧，再将调压器调节螺钉拧松。

9. 工作时，氧气瓶与乙炔瓶的间距应大于 5 m。

10. 气割时，注意垫平、垫稳钢板，避免工件割下后钢板突然倾斜，以致伤人或碰坏喷嘴。

1．查阅资料，简述火焰切割的工作原理。

2．分析火焰切割工艺卡，绘制火焰切割的工艺流程图。

3．列举火焰切割的工艺参数，简述各工艺参数对切割质量的影响。

4．查阅资料，填写表 1-1-3 中各切割方法的名称及特点。

表 1-1-3 　　　　　　　　　　　切割方法的名称及特点

图示	名称	特点

子活动 2　学习活动评价

一、学习成果展示

1．各小组推荐一名学生汇报本组所获取的关于学习任务的信息，其他各组进行查漏补缺并记录（每组汇报 5 min）。

2．通过交流讨论，总结本次学习活动中存在的不足。

二、填写学习活动评价表

根据学生在学习过程中的表现，按学习活动评价表（表 1–1–4）中的评价项目和评价标准进行评价。

表 1–1–4　　　　　　　　　　　学习活动评价表

学习活动：＿＿＿＿＿＿＿　　　　小组：＿＿＿＿＿＿＿　　　　学生姓名：＿＿＿＿＿＿＿

序号	评价项目		评价标准	配分	评分			得分小计
					自我评价 20%	小组评价 30%	教师评价 50%	
1	职业素质	课堂出勤	上课有迟到、早退、旷课情况的酌情扣 1～5 分	5				
		课堂纪律	有课堂违纪行为或不遵守实训现场规章制度行为的酌情扣 1～7 分	7				

续表

序号	评价项目		评价标准	配分	评分			得分小计
					自我评价 20%	小组评价 30%	教师评价 50%	
1	职业素质	学习表现	上课不能认真听讲，不积极主动参与小组讨论的酌情扣 1～7 分	7				
		作业完成	不按要求完成工作页、课外作业的酌情扣 1～8 分	8				
		团队协作	不能按小组分工进行团结协作，影响小组学习进度的酌情扣 1～5 分	5				
		资料查阅	不能按要求查阅资料完成相关知识学习，不能完成课后思考问题的酌情扣 1～5 分	5				
		安全意识	没有安全意识，不遵守安全操作规程，造成伤害事故的酌情扣 1～8 分	8				
2	专业技能	识读生产任务单	不能正确识读生产任务单获取生产任务信息的酌情扣 1～10 分	10				
		识读工艺卡	不能正确识读工艺卡获取相关切割信息的酌情扣 1～20 分	20				
		识读焊接试件图	不能正确识读图样获取图样信息和技术要求的酌情扣 1～20 分	20				
3	创新	工作思路、方法有创新	工作思路、方法无创新的酌情扣 1～5 分	5				
合计				100				

学习活动2　技　能　准　备

学习目标

> 1. 能简述火焰切割的原理及特点。
>
> 2. 能认知、安装、检查及使用火焰切割设备和工具。
>
> 3. 能明确火焰切割设备和工具的安全使用要求。
>
> 4. 能正确调节火焰切割工艺参数。
>
> 5. 能明确火焰切割的安全技术要求。
>
> 6. 能根据切割作业环境需要，选择、穿戴并维护安全防护用品。
>
> 7. 能规范地完成火焰切割任务。
>
> 8. 能对火焰切割设备和工具等进行日常维护及保养。
>
> 9. 能遵守火焰切割安全操作规程及"6S"管理规定。
>
> 10. 能积极主动展示工作成果，对工作过程中出现的问题进行反思和总结，优化加工方案和策略，具备知识迁移能力。

学习活动描述

　　为了能按照工艺文件的要求完成碳素结构钢火焰切割工作，要求操作者通过技能训练，熟知火焰切割原理及特点；认知火焰切割设备和工具；熟知火焰切割安全操作规程；能熟练安装、检查、使用和维护切割设备；掌握火焰切割操作技术；正确选择和穿戴安全防护用品，保证安全、高质、高效地完成火焰切割任务。

子活动与建议学时

子活动1　火焰切割认知（4学时）

子活动2　火焰切割技能训练（7学时）

子活动3　学习活动评价（1学时）

学习准备

资料：教材、学习工作页、图样、火焰切割设备图片、课件等。

工具：活扳手、旋具、点火枪、通针、钢丝钳等。

材料：氧气、乙炔、钢板（500 mm×300 mm×12 mm）若干。

设备：氧气瓶、乙炔瓶、氧气胶管、乙炔胶管、割炬、回火防止器、氧气减压器、乙炔减压器、半自动火焰切割机等。

安全防护用品：焊接防护服、焊工防护鞋、电焊手套、护目镜、工作帽等。

子活动 1 火焰切割认知

为了安全、高效地完成工作任务，在进行火焰切割工作前，必须学习火焰切割的相关知识，作为火焰切割操作技能的知识支撑。通过火焰切割认知，能熟知火焰切割的原理及特点；认知火焰切割设备、工具及其使用方法；能正确选择切割工艺参数；熟知火焰切割安全技术要求等。

一、火焰切割基础知识

1．观看火焰切割视频，简述火焰切割的工作原理及用途。

2．根据火焰切割原理，火焰切割过程可分为_____、_____和_____3 个阶段。

3．查找金属火焰切割条件，将图 1-2-1 中能用火焰切割的金属材料与火焰切割连接起来，将不能用火焰切割的金属材料与导致这种材料不能进行火焰切割的原因连接起来。

<table>
<tr><td rowspan="6">火焰切割</td><td>低碳钢</td><td rowspan="6"></td><td>燃点高于熔点</td></tr>
<tr><td>不锈钢</td><td>金属氧化物熔点高于金属熔点</td></tr>
<tr><td>铜及铜合金</td><td>燃烧反应吸热</td></tr>
<tr><td>低合金钢</td><td>金属导热性大</td></tr>
<tr><td>铸铁</td><td>金属中阻碍气割的杂质太多</td></tr>
<tr><td>铝及铝合金</td><td></td></tr>
</table>

图 1-2-1 火焰切割条件

4．学习火焰切割的特点及应用，完成下列问题

（1）火焰切割与传统切割方法相比，具有切割效率_____、成本_____、设备_____的优点，

并适合各种_____切割，可以在钢板上切割各种外形_____的零件；其缺点是切割尺寸精度_____，温度高，具有_____、烧坏设备和烧伤的危险，且金属燃烧和氧化会产生大量有毒_____，需要通风装置，不能切割_____、_____、_____和铸铁等材料。

（2）目前火焰切割主要应用于钢板_____、焊接件_____和铸件_____的切割。

5．火焰切割设备及工具

（1）完成表1-2-1火焰切割设备或工具名称及作用的填写。

表1-2-1　　　　　　　　　　　　　火焰切割设备或工具名称及作用

图示	设备或工具名称	作用	备注
蓝色			
红色			

续表

图示	设备或工具名称	作用	备注

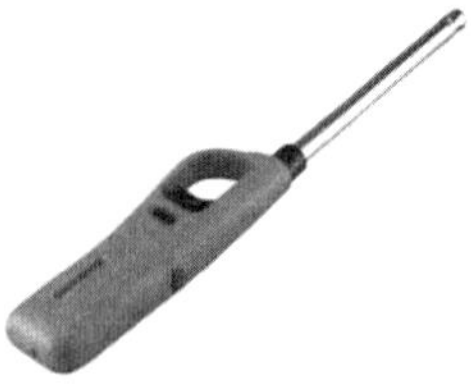			

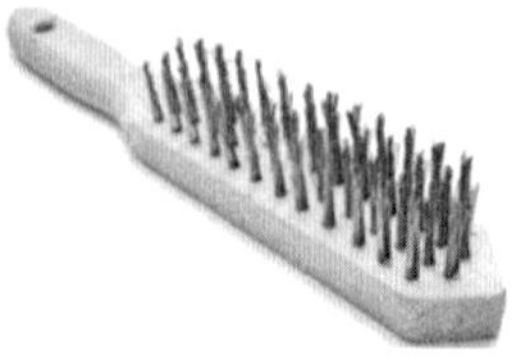			
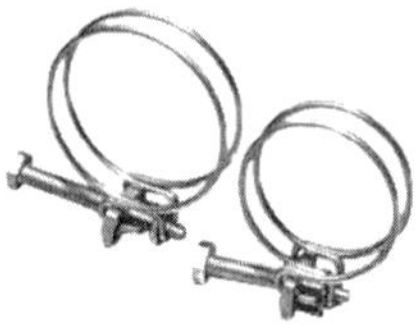			

（2）简述割炬型号"G01-30"的含义。

（3）在图1-2-2所示横线上填写割炬各部分的名称。

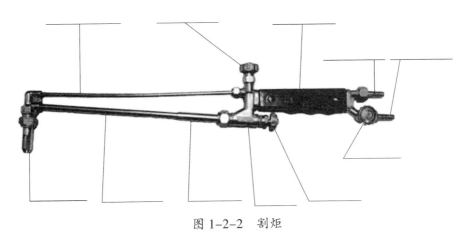

图1-2-2　割炬

6．火焰切割材料

（1）氧气

1）氧气是一种化学性质极为活泼的气体，它能与许多元素化合生成_____物，同时放出大量的_____。氧气不能燃烧，但能_____，工业高压氧气一旦与_____等易燃物质接触会发生剧烈的氧化反应而引起_____，因此操作中气割设备不得沾染_____。

2）工业氧气一般分为_____级，一级氧气纯度不低于_____，二级氧气纯度不低于_____。气割时要求氧气纯度不低于_____级。

（2）乙炔

1）乙炔是一种无色_____气体，因混有少量硫化氢和磷化氢而具有特殊_____味，乙炔的自燃点只有_____℃，在空气中的燃烧温度可达_____℃，在氧气中的燃烧温度可达_____℃。

2）乙炔的爆炸性。乙炔在压力为_____MPa、温度为_____℃时能自行爆炸，在空气中的爆炸极限为_____%，在氧气中的爆炸极限为_____%。乙炔与_____或_____长期接触会形成爆炸性物质乙炔铜和乙炔银，乙炔会与氯、次氯酸盐等反应而发生爆炸，所以乙炔着火时禁止用_____灭火。为了降低乙炔的爆炸性，乙炔瓶内装的是浸满_____的_____填料。

（3）液化石油气

1）液化石油气是一种无色气体，密度比空气_____，在_____压力下，可由气体转化为液体。

液化石油气有一定的_____性，当空气中浓度大于_____时，就会使人昏迷、呕吐，严重时可使人窒息。

2）液化石油气具有可燃性，在氧气中的燃烧温度为_____℃，比乙炔低，因此气割时的预热时间_____，气割速度_____，但液化石油气的爆炸极限比乙炔低，安全性比乙炔_____。气割中用液化石油气代替乙炔，不仅切口_____，不渗碳，而且_____。

7．火焰切割工艺参数

（1）氧气压力

1）选择氧气压力时，随割件_____的增大而增大，随割炬型号和喷嘴代号的增大而_____。

2）气割时氧气压力不足，金属燃烧不完全，气割速度_____，割件背面挂渣且难清理，甚至会出现_____现象；氧气压力过大，会使割口表面_____，割缝_____，气割速度_____，氧气消耗_____。

（2）气割速度

1）气割速度的选择依据主要是割件的_____，割件越厚，速度_____。气割速度是否合适，主要根据_____判定。

2）气割速度太慢，会使割件边缘_____，甚至造成_____现象，清渣_____；气割速度太快，会造成后拖量过_____，甚至会发生_____现象。

（3）火焰能率

1）气割火焰能率的大小由割炬的_____和喷嘴的_____决定，割炬、喷嘴确定后，生产中可以根据割件的_____来选择，还要考虑材料的_____和导热性。

2）气割火焰能率过大，会在割缝上边缘产生连续的_____，甚至熔化成_____，还会造成背面挂渣_____；气割火焰能率过小，会使气割速度_____，甚至会发生_____现象。

（4）割炬倾角

1）割炬倾角根据割件的_____选择，可分为前倾、后倾和垂直3种角度。在图1-2-3所示的横线上分别写出割炬倾角方向。

2）根据割件厚度选择割炬倾角，并填入表1-2-2中。

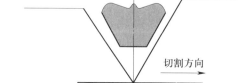

图1-2-3　割炬倾角

表 1-2-2　　　　　　　　　　　　　　　　　　割炬倾角

割件厚度 /mm	<6	6 ~ 30	>30		
			起割	割穿后	停割
倾角方向					
倾角					

二、火焰切割安全知识

1．氧气瓶

氧气瓶在使用时应_____放置，有防_____措施。由于氧气瓶内的氧气压力高达_____MPa，因此，打开瓶阀时人应该站在出气口_____，以防高压气体伤人。氧气瓶内的氧气不能用尽，要保留_____MPa 的压力。夏季露天操作要有防晒措施，瓶体表面温度不能超过_____℃。

2．乙炔瓶

乙炔瓶内装有液态_____，为防止液体流出，乙炔瓶必须_____使用。瓶内除了液体外还有固体填料，为避免填料下沉，乙炔瓶要避免剧烈地_____和_____。乙炔瓶内的气体不能用尽，要保留_____MPa 的余压，乙炔瓶瓶体温度不得超过_____℃。

3．减压器

减压器使用前要检查高压表和低压表的指针是否处于_____位。减压器与气瓶的连接要牢固可靠，氧气减压器与瓶阀螺纹连接至少要达到_____圈以上，连接前减压器调压螺钉要处于_____状态，开启瓶阀和调节气体压力时，要_____旋转瓶阀手轮和调压螺钉。减压器冻结不得用_____烘烤，只能用_____或_____解冻。

4．割炬

使用割炬时要根据割件的_____选择合适的割炬型号，再选择合适的喷嘴_____。使用前要先检查割炬的_____，情况正常后，再接上乙炔胶管。发生回火时应立即关闭_____调节阀，然后关闭_____和预热氧调节阀。

5．气割场地安全要求

气割场地与易燃、易爆设备的距离应在_____m 以上。室内的固定动火区与防爆的生产现场要用_____隔开，不能有门窗、地沟等串通。场地中应备有足够数量的_____工具和设备。场地内禁止使用各种_____物质（如汽油、油棉丝、锯末等）。

6．火焰切割的安全隐患

（1）火灾、爆炸和灼伤

气焊与气割所用的_____、_____和氢气等都是易燃、易爆气体，氧气瓶、乙炔瓶、液化石油气瓶都属于_____容器。在焊补燃料容器和管道时，若设备和安全装置有故障或操作人员违反安全操作规程等，都有可能造成_____和_____事故。在气焊与气割的火焰作用下，氧气射流的喷射使火星、熔珠和铁渣四处飞溅，容易造成_____事故。因此，_____是气割安全的主要任务。

（2）金属烟尘和有毒气体

气割的火焰温度高达_____℃以上，金属在高温作用下蒸发，冷凝成为金属_____。气割所用的乙炔、液化石油气都属于有毒气体，如果使用中发生泄漏，会造成人员_____。

7．安全防护用品

按图 1-2-4 所示准备安全防护用品并简述其作用。

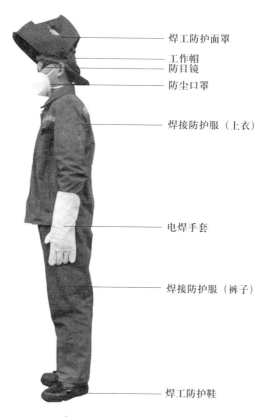

焊工防护面罩
工作帽
防目镜
防尘口罩

焊接防护服（上衣）

电焊手套

焊接防护服（裤子）

焊工防护鞋

图 1-2-4　安全防护用品

子活动 2　火焰切割技能训练

手工火焰切割技术对操作者要求较高，操作者需熟练掌握操作要点，合理调节切割工艺参数，能够预见切割的危险性，才能安全、可靠地完成生产任务，因此在正式进行切割生产前需要进行火焰切割技能训练。

一、"6S"管理规定

1. 明确"6S"管理规定的内容，完成表 1-2-3 的填写。

表 1-2-3　　　　　　　　　　　　　　　　"6S"管理规定的内容及目的

"6S"管理规定	内容	目的
整理 （seiri）		
整顿 （seiton）		
清扫 （seiso）		
清洁 （seiketsu）		
素养 （shitsuke）		
安全 （security）		

2. 查阅资料，简述企业推行"6S"管理规定的原因。

二、火焰切割设备安装及检查

火焰切割设备是由几个部分组成的一个系统性设备，每次使用时都要先进行切割设备的安装。每名焊工都要能正确安装火焰切割设备并进行气密性检查。

1．设备安装

完成下列问题，掌握火焰切割设备安装要点并进行安装练习。

（1）氧气瓶一般_____放置，使用时要安放_____，防止倾倒，在安装减压器前要_____，利用气体吹除出气口的污物，但是要注意开启瓶阀时出气口不得对准操作者或_____，防止高压气体_____。减压器在安装前，调压螺钉要处于_____，安装时减压器和瓶阀之间的螺纹连接至少拧_____圈以上。

（2）乙炔瓶使用时要_____放置，防止瓶内_____流出，引起燃烧或爆炸，乙炔瓶与减压器连接时，要用专用_____旋紧，不得用活扳手紧固，防止夹环开裂。

（3）按照国家标准《气体焊接设备　焊接、切割和类似作业用橡胶软管》（GB/T 2550—2016）的规定，氧气胶管为_____色，乙炔胶管为_____色，两种胶管不得_____，胶管与减压器或割炬连接时要用专用卡子或细铁丝绑紧，防止气体泄漏。乙炔胶管接头与减压器或割炬的连接螺纹为_____螺纹，氧气胶管接头与减压器或割炬的连接螺纹为_____螺纹。

（4）每组准备一套火焰切割设备及安装工具，小组成员按上述操作要点练习火焰切割设备的安装，总结设备安装过程中容易出现的问题，分析并找到解决措施，填入表1-2-4中。

表1-2-4　　　　　　　　　　火焰切割设备安装过程中存在的问题及解决措施

序号	存在问题	解决措施
1		
2		
3		

2．设备检查

火焰切割时使用的氧气属于高压气体，具有爆炸性和助燃性，乙炔和液化石油气易燃、易爆且具有毒性，一旦发生泄漏会造成严重后果，因此，每次设备使用前都要进行气密性检查，以防发生事故。

（1）氧气瓶和乙炔瓶应分开放置，间距不小于_____m。

（2）火焰切割设备安装完成后，首先开启氧气瓶的_____，开启瓶阀时要_____，防止气流冲坏减压器。瓶阀开启后，再开启减压器，开启反作用式减压器时，应_____旋转调压螺钉，速度要_____，防止气流将胶管冲掉，直到减压器低压表指针达到要求的压力。检查气路是否漏气。

（3）手握割炬，打开切割氧调节阀，拔掉乙炔胶管，用手指靠近割炬乙炔进气口，如果感到_____，说明割炬射吸能力正常，如果感觉不到_____，说明割炬不具备_____，应立即更换或修理。

（4）打开乙炔瓶瓶阀，瓶阀开启不超过_____圈，再_____旋紧减压器调压螺钉，在设备接头处涂抹_____，如果接头处有气泡，说明接头有气体泄漏；如果没有_____，说明接头连接紧密，无气体泄漏。

3．火焰性质的选择及风线调整

（1）先逆时针稍微打开预热氧调节阀_____或_____圈，再逆时针打开乙炔调节阀（比预热氧调节阀适当开大 1/2 圈左右），然后点火。点火时，如不易点燃或放炮，是因为氧气和乙炔_____不对，可适当改变两调节阀的开启量。点火时，喷嘴不要指向_____，拿点火源的手应位于喷嘴_____，不要正对喷嘴。

（2）点火完成后，要调整火焰性质。预热火焰可分为_____性质火焰，根据火焰特点识别图 1-2-5 所示预热火焰中三种火焰的性质，并填写在下方横线上。碳素结构钢预热火焰的性质为_____焰。

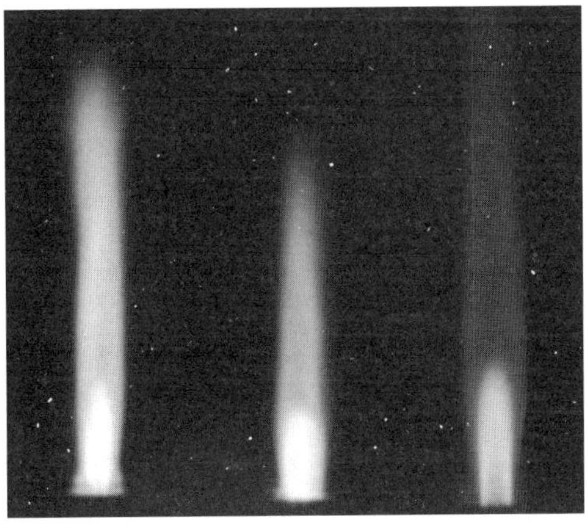

图 1-2-5　预热火焰

a)_____　　b)_____　　c)_____

（3）火焰性质调整好后，打开切割氧调节阀，检查_____的形状，如果切割氧流呈现_____的形状，说明风线正常；否则应用_____疏通喷嘴，保持切割氧通道畅通，直到风线形状满足要求。

三、火焰切割技能训练

1．手工气割

观看视频，学习气割操作要领，完成下列问题并进行手工气割操作练习。

双脚呈_____蹲在割件一旁，身体下蹲，腰挺直（胸部不要压在腿上），右臂靠_____膝盖，左臂_____在两脚中间。右手的小指、无名指、中指和掌心握住割炬_____，拇指和食指置于_____气阀一侧（用于及时调节预热氧大小）；左手的食指、中指置于_____管上方（切割氧开关前）并与拇指配合控制_____开关，无名指置于切割氧管与_____管间，并与小指夹着_____管，图1-2-6所示为割炬握法（反复练习，直到能够准确控制各阀门的开启和关闭）。

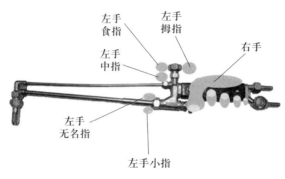

图1-2-6　割炬握法

2．起割

（1）起割点应在割件的边缘。待边缘预热到呈现_____色时，将火焰略微移动至边缘_____，如图1-2-7所示。当看到预热的红点在氧流中被_____时，再进一步加大切割氧气流量。随着氧流的加大，从割件的_____飞出氧化铁渣，此时割件已被_____，割炬即可根据割件的厚度以适当的速度开始从_____向_____移动。如果割件在起割处一侧有余量，则可以从有_____的地方起割，然后按一定的速度移至割线上。如果起割处两侧没有余量，则起割时要特别小心。在慢慢加大切割氧的同时，要随喷嘴往前移动，若喷嘴停止不动，氧流将被返回的气流扰乱，会在该处周围出现较深的_____。

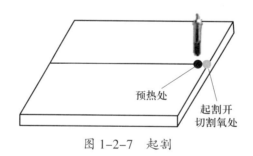

图1-2-7　起割

（2）起割后，即进入正常的气割阶段。为了保证割缝质量，在整个气割过程中，割炬的移动速度要_____，喷嘴与割件表面的距离要保持_____。焊工的身体要更换位置时，应预先关闭_____阀门，待位置移好后，再将喷嘴对准割缝的切割处适当_____，然后慢慢打开_____阀门，继续向前气割。在气割薄钢板时，焊工要变换位置，则在关闭切割氧的同时，火焰迅速离开钢板表面，以防因板薄受热快而引起_____或_____。

3．气割过程

（1）在气割过程中，有时会出现爆鸣和回火现象，这是由于喷嘴_____或氧化铁渣的_____使喷嘴堵塞或乙炔供应不足而引起的。处理方法是必须迅速关闭_____和_____调节阀，及时切断氧气。如果仍能听到割炬内有"_____"的响声，说明火焰没有熄灭，应迅速关闭_____阀门，或拔下割炬上的_____胶管，使回火的火焰排出。一切处理妥当后，还要重新检查割炬的_____，才允许重新点燃割炬。

（2）气割过程临近终点停割时，喷嘴应沿气割方向的_____倾斜一个角度，以便将钢板的下部提前_____，使割缝在收尾处较整齐。停割后，要仔细清除割缝周围的_____，以便于以后的加工。

4．练习气割技术

学生分组练习气割技术，记录练习过程中的质量问题，通过沟通交流找到解决措施，并将气割质量问题、产生原因及解决措施填入表1-2-5中。

表 1-2-5　　　　　　　　　　　　气割技能训练质量问题反馈表

序号	气割质量问题	产生原因	解决措施

四、半自动火焰切割

手工气割技术具有生产效率低、切割质量不稳定、劳动强度大等缺点，因此自动、半自动火焰切割技术在工业生产中得到广泛应用。

1．半自动火焰切割机认知

（1）如图1-2-8所示为CG1-30型半自动火焰切割机，将图中各序号所指部分的名称及作用填写到表1-2-6中。

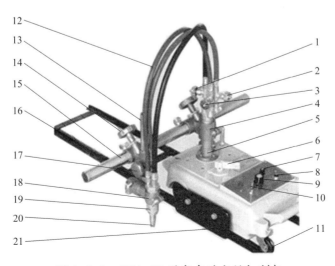

图 1-2-8　CG1-30型半自动火焰切割机

表 1-2-6   半自动火焰切割机各部分的名称及作用

序号	名称	作用
1		
2		
3		
4		
5		
6		
7		
8		
9		
10		
11		
12		
13		
14		
15		
16		
17		
18		
19		
20		
21		

（2）CG1-30 型半自动火焰切割机利用_____乙炔和高压氧气切割厚度大于_____mm 的钢板，是以直线切割为主的多用机器，同时也能用于直径大于_____mm 的圆周以及斜面、V 形面的切割，另外还可利用附加装置和机身的动力进行火焰淬火、塑料焊接等。切割表面的表面粗糙度可达 Ra_____μm，一般情况下切割后可不再进行表面切削加工。CG1-30 型半自动火焰切割机适用于造船、桥梁及重型机械工业，也适用于其他大、中、小型企业切割钢板。

2．设备安装与调试

（1）小车及割炬系统的安装与调试

开箱后，先检查小车有无损坏，紧固件有无松动或脱落，经简单的维护后，参照图1-2-8进行安装。

1）将横杆安装在小车的_____上；升降杆安装在横杆的_____端，即小车装有_____的一侧。

2）将分配器放入_____内，拧紧螺钉；将喷嘴插入割炬内，摆正后拧紧_____，并检查是否漏气；割炬固定在升降杆的_____上，割炬应安装在小车有_____的一侧，并与护板保持一定的距离。

安装喷嘴前，先确认割炬内无杂物和严重的铜锈，喷嘴锥面无损伤。如果割炬与喷嘴的两锥面配合不好，将会导致漏气或切割能力（厚度）下降。

3）从氧气瓶、乙炔瓶（或乙炔发生器）引来的气管分别接到_____的氧气和乙炔（螺母中央有_____倒角，_____螺纹）进气管接头上，图1-2-9所示为气体分配器。调节_____可控制乙炔的流量，即_____。输入的氧气一路由预热氧气阀调节，另一路供铁元素燃烧，并排除铁的氧化物（熔渣）。安装完成后要确认氧气管、乙炔管没有接错且接头处不漏气。

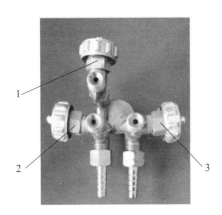

图1-2-9 气体分配器

1—切割氧气阀 2—预热氧气阀 3—乙炔阀

将气管连接到气体分配器前，应确认气管内（含气管接头）无泡沫等杂物，否则将严重影响切割厚度，甚至无法使用。

4）将三芯电源线的一端插头插到小车的_____内，另一端插头插进带有接地线的单相（220 V）三孔电源插座内，_____亮，拨动顺逆开关，小车行走，并能_____和_____，小车外壳不带电。

需要注意小车外壳已接地，如果电源插座的地线接错或电源线插头上的凹槽没对准小车插座上的凸棱而强行插入，使之错位，将导致小车外壳带电，可能造成触电危险。在关断电源的情况下才能拨动顺逆开关，否则会损坏电动机，烧断熔丝。

（2）导轨的检查和安装

开箱后检查导轨在运输中有无损坏，严重变形的应进行_____。将导轨放在待切割的钢板或地面上，其坡度不应超过_____，导轨严重变形、放置的坡度过大或导轨凹凸面上有杂物等，都会影响小车行走速度的_____性和_____性，导致切割质量下降。

（3）切割圆形（或扇形）工件的安装和准备工作

1）在钢板表面加工一个_____（°）的定位孔，作为_____。

2）把半径杆装在小车上，将_____放进定位孔内，根据切割半径调整定位架的位置，旋紧紧固螺钉，如图1-2-10所示。转动定位针，升高半径杆，使定位针_____的滚轮离开钢板，拧紧螺母，锁定_____的高度。

图 1-2-10　切割小车纵观图

1—半径杆　2—紧固螺钉　3—定位针

3）切割半径_____（较大/较小）时，半径杆应置于割炬的同侧；切割半径_____（较大/较小）时，半径杆应置于割炬的另一侧。

4）松开小车万向轮的_____和半径杆_____的紧固螺钉。

5）如起割点不在钢板的边缘，则应在起割点加工_____，以免破坏起割点附近的钢板。

6）接通电源，小车绕圆心转动，切割出圆形（或扇形）工件。

3．切割

（1）切割工艺参数的确定

1）选择切割工艺参数。根据切割钢板的厚度（以12 mm为例），选择半自动火焰切割工艺参数，见表1-2-7。本次切割选定喷嘴编号为_____号，氧气压力为_____MPa，乙炔压力为_____MPa，切割速度为_____mm/min。

表 1-2-7　　　　　　　　　　　　　　半自动火焰切割工艺参数

喷嘴编号	切割钢板的厚度 /mm	氧气压力 /MPa	乙炔压力 /MPa	切割速度 /（mm/min）
00	5 ~ 10	0.20 ~ 0.30	>0.03	600 ~ 450
0	10 ~ 20			480 ~ 380
1	20 ~ 30	0.25 ~ 0.35		400 ~ 320
2	30 ~ 50			350 ~ 280
3	50 ~ 70	0.30 ~ 0.40	>0.04	300 ~ 240
4	70 ~ 90			260 ~ 200
5	90 ~ 120	0.40 ~ 0.50		210 ~ 170

2）调整割炬的垂直度。对于一般的切割而言，调整割炬（通过横杆可以微调前后方向），使之_____于钢板。若切割斜面，应_____调整割炬；若开 V 形坡口，可以使用_____的 CG1-100 型气割机。

3）喷嘴的高度。上、下调整割矩，使喷嘴的端部与钢板表面的距离为 G02、G03 喷嘴_____mm 或 GK1、GK3 喷嘴_____mm。

4）预热火焰的调节。采用_____焰，温度高，切割效果好。预热火焰能率随钢板厚度的增大而_____。

5）当火焰的风线最_____、最_____时，切割氧气的压力为合适值，可获得最佳的切割效果。

6）切割速度的调节。切割速度与钢板的厚度、火焰能率以及切割质量要求有关。当切割质量较高时，切割速度应____些；切割质量要求一般时，切割速度应快些。当火花_____或稍偏向_____排出时，即为正常切割速度。

7）钢板的表面状态。在切割前应将钢板校平，并沿切割线清除氧化皮、锈蚀、涂料等污物，以提高切割质量。

（2）切割操作

1）拨动电源开关，让小车行走，喷嘴的运行轨迹应与_____重合，否则应调整_____或_____。

2）打开乙炔调节阀，点火后再打开_____调节阀，调节火焰的能率和类型，待火焰将钢板加热到约_____℃时，打开切割氧调节阀，调好压力后再打开_____或推上_____，切割钢板。

打开乙炔调节阀后应立即点火，以防可燃性气体外泄或进入机身，造成危险。

3）切割结束时，应依次关断_____调节阀、_____调节阀、乙炔调节阀和小车的电源开关或拉开离合器。

4）小组成员轮流按上述操作要点进行半自动火焰切割练习，直到能够熟练操作设备，满足切割质量要求。

4．常见故障及排除

查阅资料或小组讨论，将练习过程中出现的常见故障、产生原因及排除方法填入表 1-2-8 中。

表 1-2-8　　　　　　　　　　　半自动火焰切割常见故障、产生原因及排除方法

常见故障	产生原因	排除方法
机器不能运转		
机器振动大，有噪声		
有漏气、漏火现象		
切割火焰不稳定		

五、火焰切割质量问题分析

认知下列切割缺陷，分析产生质量问题的原因，完成下列问题。

1. 在割件的上边缘形成一串水滴状的熔豆串，如图1-2-11所示，原因为钢板表面有_____或_____；喷嘴与钢板之间的高度_____，预热火焰_____。

图1-2-11 割件边缘熔豆

2. 割缝上窄下宽，呈喇叭状，如图1-2-12所示，原因为切割速度_____，切割氧压力_____；喷嘴孔径_____，使切割氧流量太大；喷嘴与割件之间的高度_____。

图1-2-12 割缝呈喇叭状

3. 在整个切割断面上，尤其中间部位有凹陷，如图1-2-13所示，原因为切割速度_____；使用的喷嘴_____，切割压力_____，喷嘴_____或损坏；切割氧压力_____，风线受阻变坏。

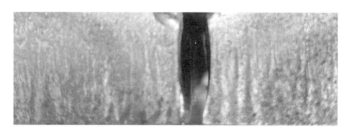

图1-2-13 割缝中间凹陷

4. 切割断面凹凸不平，呈现波纹形，割纹粗糙，如图1-2-14所示，原因为切割速度_____；切割氧压力_____，喷嘴堵塞或_____，使风线变坏；使用的喷嘴孔径_____。

图 1-2-14　割纹粗糙

5．切口垂直方向偏斜，切口不垂直，如图 1-2-15 所示，原因为割炬与割件表面不＿＿＿＿＿＿；＿＿＿＿＿＿不正。

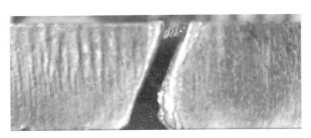

图 1-2-15　切口偏斜

6．在切口上边缘形成房檐状的凸出塌边，如图 1-2-16 所示，原因为预热火焰太＿＿＿＿＿＿；喷嘴与工件之间的高度太＿＿＿＿＿＿；切割速度太＿＿＿＿＿＿；喷嘴与割件之间的高度太＿＿＿＿＿＿，使用的喷嘴孔径偏＿＿＿＿＿＿，预热火焰中氧气过剩。

图 1-2-16　切口上边缘塌边

7．切口上边缘凹陷并有挂渣，如图 1-2-17 所示，原因为喷嘴与割件之间的高度太＿＿＿＿＿＿，切割氧压力太＿＿＿＿＿＿；预热火焰太＿＿＿＿＿＿。

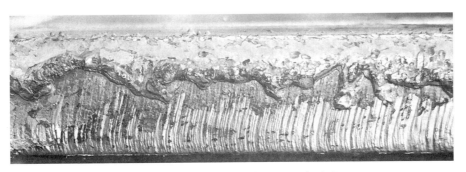

图 1-2-17　切口上边缘凹陷且有挂渣

8. 割缝上宽下窄,如图 1-2-18 所示,原因为切割速度太_____;喷嘴与割件之间的高度太_____;喷嘴被_____堵塞,使风线受到干扰而变形。

图 1-2-18　割缝上宽下窄

9. 在切割断面的下边缘产生连续的挂渣,如图 1-2-19 所示,原因为切割速度太快或太_____,使用的喷嘴孔径太_____,切割氧压力太_____;预热火焰中燃气_____,钢板表面有_____或污物;喷嘴与割件之间的高度太大,预热火焰太强。

图 1-2-19　切割断面下边缘连续挂渣

10. 各小组对割件进行质量检验,记录出现的质量问题,提出解决措施,填入表 1-2-9 中。

表 1-2-9　　　　　　　　　　　　　割件质量问题及解决措施

序号	质量问题	解决措施

子活动 3　学习活动评价

一、学习成果展示

1. 各小组通过讨论，选出组内优秀成员进行火焰切割设备安装、检查展示，要求边操作边讲述操作要点及安全注意事项，其他小组对展示进行评价。

操作要点：

安全注意事项：

意见及建议：

2. 各小组选出组内火焰切割技能训练过程中评价较好的割件进行展示，并由操作者讲述该割件的质量优点及获得途径，其他小组进行记录，填入表 1-2-10 中。

表 1-2-10　　　　　　　　　　割件质量优点及获得途径

序号	质量优点	获得途径
1		
2		
3		

3. 总结本次学习活动的心得体会。

二、填写学习活动评价表

根据学生在学习过程中的表现，按学习活动评价表（表 1-2-11）中的评价项目和评价标准进行评价。

表 1-2-11 　　　　　　　　　　　　　　　学习活动评价表

学习活动：＿＿＿＿＿＿＿＿＿　　　小组：＿＿＿＿＿＿＿＿＿　　　学生姓名：＿＿＿＿＿＿＿＿＿

序号	评价项目		评价标准	配分	评分			
					自我评价 20%	小组评价 30%	教师评价 50%	得分小计
1	职业素质	课堂出勤	上课有迟到、早退、旷课情况的酌情扣 1～5 分	5				
		课堂纪律	有课堂违纪行为或不遵守实训现场规章制度行为的酌情扣 1～7 分	7				
		学习表现	上课不能认真听讲，不积极主动参与小组讨论的酌情扣 1～7 分	7				
		作业完成	不按要求完成工作页、课外作业的酌情扣 1～8 分	8				
		团队协作	不能按小组分工进行团结协作，影响小组学习进度的酌情扣 1～5 分	5				
		资料查阅	不能按要求查阅资料完成相关知识学习，不能完成课后思考问题的酌情扣 1～5 分	5				
		安全意识	没有安全意识，不遵守安全操作规程，造成伤害事故的酌情扣 1～8 分	8				

续表

序号	评价项目		评价标准	配分	评分			得分小计
					自我评价 20%	小组评价 30%	教师评价 50%	
2	专业技能	安全检查	不能用正确方法对设备、场地进行检查的酌情扣 1 ~ 8 分	8				
		设备安装	不能正确安装设备、对设备进行调试的酌情扣 1 ~ 10 分	10				
		切割训练	不能正确进行练习，切割质量达不到要求的酌情扣 1 ~ 14 分	14				
		切割质量	不能正确分析切割质量问题产生原因，不能提出改进措施的酌情扣 1 ~ 10 分	10				
		"6S"管理规定	训练过程中不遵守"6S"管理规定的酌情扣 1 ~ 8 分	8				
3	创新	工作思路、方法有创新	工作思路、方法无创新的酌情扣 1 ~ 5 分	5				
	合计			100				

学习活动3 制订计划

学习目标

1. 能熟悉碳素结构钢火焰切割工艺流程。

2. 能按生产任务单的要求分析工作任务。

3. 能够根据工作任务合理分配人员和工时。

4. 能合理进行小组成员分工。

5. 能与相关人员进行有效沟通，获取解决问题的方法和措施，解决工作过程中的常见问题。

6. 能积极主动展示工作成果，对工作过程中出现的问题进行反思和总结，优化加工方案和策略，具备知识迁移能力。

学习活动描述

通过对明确工作任务和技能准备两个学习活动的学习，了解生产任务的性质和质量标准。为了能够协调行动，增强工作的主动性，减少盲目性，使工作有条不紊地进行，需要对生产任务制订切实可行的工作计划，保障正常的工作秩序，提高工作效率。

子活动与建议学时

子活动1　工作计划编写（2学时）

子活动2　工作计划审定（1学时）

子活动3　学习活动评价（1学时）

学习准备

资料：教材、学习工作页、火焰切割工艺文件和课件等。

设备：多媒体、白板等。

子活动 1　工作计划编写

工作计划是工作任务开始前对本次工作的设想和安排。要使工作计划切实、有效地进行，要求计划者对工作任务的工艺流程和所需工序、工步以及每道工序、工步需要哪些设备、工具和人员情况有充分的了解，做好统筹安排。

一、了解工艺流程

1．查阅资料，解释下列名词。

（1）工艺流程：

（2）工序：

（3）工步：

2．绘制本次火焰切割工作任务的工艺流程图。

二、工作任务分解

1. 根据火焰切割工艺文件填写切割任务分解表，见表1-3-1。

表1-3-1　　　　　　　　　　　　　切割任务分解表

工序	工步	工作要求及任务量
割前准备	材料的领取、检查及核对	
	材料表面清理	
	放样、划线	
	切割设备安装及检查	
切割下料	切割下料	
割件清理	割件清理	
质量检查	质量检验	
工作结束	设备、工具整理	
	场地清理、检查	

2. 分析表1-3-1，各学习小组分配_____个人相互配合完成工作任务比较合理，全班学生一共分为_____个小组共同完成生产任务，各小组的具体生产任务是_____件。

三、工作任务计划表

根据对火焰切割任务分析的结果，完成小组内任务分工，填写工作计划表（表1-3-2）。

表1-3-2　　　　　　　　　一体化_____小组工作计划表

_____年____月____日

小组信息	组长：		成员：	
	口号：			记录员：
本次学习任务：				任务时间：
人员分工	安全员：　　　　　质检员：　　　　　保管员： 卫生员：　　　　　操作员：			
具体安排			展示方式及要求	
布置事项（组长填写）：			安全纪律 人员分工 工作目标	
资源需求：			设备、工具、材料等（火焰切割设备、钢直尺、钢板等） 多媒体（笔记本电脑、投影仪）	

续表

具体安排	展示方式及要求
工序、工步安排：	示意图 表格 文本 黑板 其他
加工步骤：	流程图 工艺文件 文本 其他
产品介绍：	口述 模型 白板

审核人：	批准人：

注：小组分工是为了团队协作完成任务，提高工作效率，因此，分工时要注意合理分配人员和工作任务，做到工作不冲突，衔接性好，避免出现人员闲置或不足的现象。

子活动 2　工作计划审定

为了使工作计划能够保障正常的生产秩序及提高生产效率，各组汇报本组的工作计划，将各组的工作计划进行对比，相互取长补短，最终形成一套思路统一、目标一致、分工合理的工作计划。

一、工作计划汇报

1．各组推荐一名学生汇报本组的工作计划，简述编写的依据，其他成员记录本组与其他各组的计划相比的不足之处或其他各组计划的优点。

2．教师点评各组汇报情况，指出各组工作计划的不足之处，小组成员做记录并提出修改方案。

二、最终工作计划

综合各组工作计划的汇报情况和教师点评，编写本组最终工作计划，完成表 1-3-3 的填写。

表 1-3-3　　　　　　　　一体化_____小组工作计划表

　　　　　　　　　　　　　　　　　　　　　　　　　　　　　　　　　　_____年___月___日

小组信息	组长：		成员：	
	口号：			记录员：
本次学习任务：				任务时间：
人员分工	安全员：　　　　　质检员：　　　　　保管员： 卫生员：　　　　　操作员：			
具体安排			展示方式及要求	
布置事项（组长填写）：			安全纪律 人员分工 工作目标	
资源需求：			设备、工具、材料等（火焰切割设备、钢直尺、钢板等） 多媒体（笔记本电脑、投影仪）	
工序、工步安排：			示意图 表格 文本 黑板 其他	
加工步骤：			流程图 工艺文件 文本 其他	

续表

具体安排	展示方式及要求
产品介绍：	口述 模型 白板
审核人：	批准人：

子活动 3　学习活动评价

一、学习成果展示

1．各组选出组内优秀成员，汇报本组对火焰切割任务的分析及工作计划，并进行简要说明（时间不超过 5 min），其他小组进行评价。

优点：

缺点：

2．总结本次学习活动的心得体会。

二、填写学习活动评价表

根据学生在学习过程中的表现，按学习活动评价表（表 1-3-4）中的评价项目和评价标准进行评价。

表1-3-4 学习活动评价表

学习活动:＿＿＿＿＿＿＿　　小组:＿＿＿＿＿＿＿　　学生姓名:＿＿＿＿＿＿＿

序号	评价项目		评价标准	配分	评分			得分小计
					自我评价 20%	小组评价 30%	教师评价 50%	
1	职业素质	课堂出勤	上课有迟到、早退、旷课情况的酌情扣1～5分	5				
		课堂纪律	有课堂违纪行为或不遵守实训现场规章制度的酌情扣1～5分	5				
		学习表现	上课不能认真听讲,不积极主动参与小组讨论的酌情扣1～5分	5				
		作业完成	不按要求完成工作页、课外作业的酌情扣1～5分	5				
		团队协作	不能按小组分工进行团结协作,影响小组学习进度的酌情扣1～5分	5				
		资料查阅	不能按要求查阅资料完成相关知识学习,不能完成课后思考问题的酌情扣1～5分	5				
		安全意识	不遵守"6S"管理规定和安全操作规程的酌情扣1～10分	10				
2	专业技能	火焰切割工艺流程	不能正确编写工艺流程的酌情扣1～10分	10				
		任务分解	不能准确分解工作任务的酌情扣1～10分	10				
		工作计划	不能合理编写工作计划的酌情扣1～10分	10				
		小组分工	小组分工不合理或分工不明确的酌情扣1～10分	10				
		工作计划汇报	不能详细汇报本组工作计划或计划不明确的酌情扣1～10分	10				
3	创新	工作思路、方法有创新	工作思路、方法无创新的酌情扣1～10分	10				
	合计			100				

学习活动 4　任 务 实 施

学习目标

    1. 能填写领料单，领取工具、设备和材料并进行核对。

    2. 能按照工艺文件要求，完成材料表面清理并使其达到切割要求。

    3. 能检查并确认设备、工具、作业场地和周围环境等符合切割安全要求。

    4. 能正确进行排样、号料、划线、标识移植等工作。

    5. 能按照工艺文件要求调节工艺参数，严格按照操作规程进行材料切割；切割完成后将毛刺、氧化皮等清理干净。

    6. 能与相关人员进行有效沟通，获取解决问题的方法和措施，解决工作过程中的常见问题。

    7. 能积极主动展示工作成果，对工作过程中出现的问题进行反思和总结，优化加工方案和策略，具备知识迁移能力。

学习活动描述

    任务实施是本学习任务的核心，要求按计划领取设备、工具和材料并进行核对；完成设备的安装和检查；对原材料进行清理、放样、排样和划线；切割工件；割后清理；对工件质量进行自检等。

子活动与建议学时

子活动 1　火焰切割准备（2 学时）

子活动 2　工件切割（5 学时）

子活动 3　学习活动评价（1 学时）

学习准备

资料：教材、学习工作页、工艺文件、课件等。

工具：活扳手、旋具、点火枪、通针、钢丝钳、钢直尺、钢卷尺、石笔、游标卡尺、直角尺、胶管卡子等。

材料：氧气、乙炔、钢板等。

设备：多媒体、氧气瓶、乙炔瓶、氧气胶管、乙炔胶管、割炬、回火防止器、氧气减压器、乙炔减压器等。

安全防护用品：焊接防护服、焊工防护面罩、电焊手套、护目镜、防尘口罩、焊工防护鞋、工作帽等。

子活动 1　火焰切割准备

火焰切割准备工作对切割任务的完成和保证切割质量起着至关重要的作用，如领取的材料要保证材质、规格、数量符合要求；领取的设备、工具要完好无损，其规格和精度符合工艺要求并能够正确使用；放样、划线要满足火焰切割工艺要求和割件技术要求；排样要达到节约材料的目的；清理要满足技术要求，剩余材料要进行标识移植并及时退库，使生产达到高质、高效、规范、安全、节约的目标。

一、领取设备、工具、材料

1. 根据工作计划表，填写领料单（工程用设备、工具类）（表 1-4-1），领取并核对设备和工具的规格、型号和数量，将核对情况或替代情况填入备注栏。

表 1-4-1　　　　　　　　　　领料单（工程用设备、工具类）

年　　月　　日

序号	名称	规格、型号	数量	备注

续表

序号	名称	规格、型号	数量	备注

领料：　　　　　　　　　审核：　　　　　　　　仓库：

2．领取材料，填写领料单（工程材料），见表1-4-2。

表1-4-2　　　　　　　　　　　　　领料单（工程材料）

工程名称：　　　　　　　　　　　　　　　　　　　　　　　　　　　第　　页

序号	名称	规格、型号	材质	单位	数量	备注

审核：　　　　　　　　　编制：　　　　　　　　　年　月　日

3．核对材料。使用合适的量具测量材料的规格尺寸，识读材料标识并核对材料牌号。

（1）写出图1-4-1所示游标卡尺测量方法中测量的尺寸类型。

图1-4-1 a 测量的是＿＿＿＿＿＿＿＿。

图1-4-1 b 测量的是＿＿＿＿＿＿＿＿。

图1-4-1 c 测量的是＿＿＿＿＿＿＿＿。

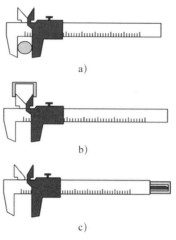

图 1-4-1　游标卡尺测量方法

（2）如图 1-4-2 所示游标卡尺的读数精度是_____mm，测量值是_____mm。

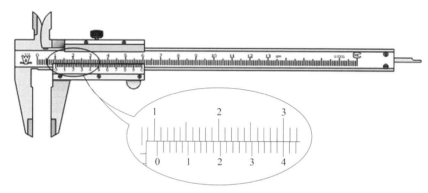

图 1-4-2　游标卡尺测量值

（3）识读图 1-4-3 所示钢板标识，写出每段标识的含义。

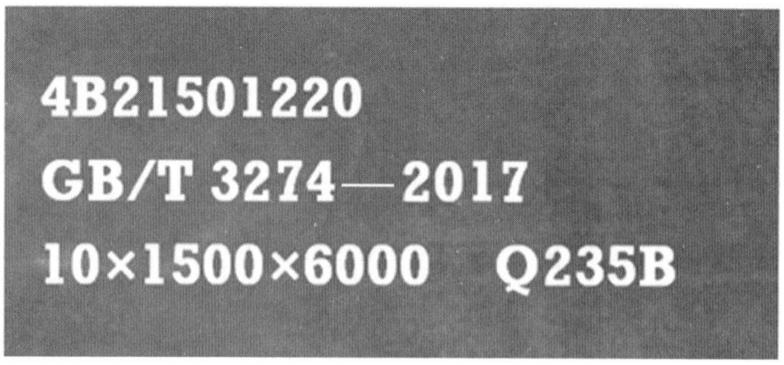

4B21501220

GB/T 3274—2017

10×1500×6000　Q235B

图 1-4-3　钢板标识

（4）选择正确的方法和工具，核对材料的牌号、规格及数量，并记录在表1-4-3中。

表1-4-3　　　　　　　　　　　　　　　材料核对情况记录表

材料	牌号	规格	数量	备注
计划材料				
实领材料				

二、材料表面清理

1．清理对象

长期露天存放的碳素钢和低合金钢一般都会有锈蚀层，必须对其表面进行_____、_____和_____等，表面清理干净后才可以开始号料工作。钢材表面清理主要是除去其表面的各种污物，如_____（Fe_3O_4）、_____（$Fe_2O_3 \cdot H_2O$）、油污和沙子（SiO_2、Al_2O_3）等。

2．清理方法

（1）常用的清理方法有人工净化、机械净化和化学清洗等。_____是指人工用金属刷、手提砂轮机或锉刀等工具对钢板的表面或边缘进行清理的方法。用金属刷除锈，这种方法使用的工具_____，但劳动强度_____，效率_____，净化效果也_____。用角向磨光机清理是一种有效的方法，但劳动强度_____，净化效率也不高。

（2）机械净化是在容器制造现场，用机械方法对钢材或产品表面除锈的主要方式，多采用_____的方法。喷砂法是将锈蚀的钢材置于一密闭的喷砂室内或露天空旷场地上，用一定压力的压缩空气将石英砂喷击在钢材表面。在大面积净化时，机械净化的净化效率_____，净化质量_____。

（3）化学清洗法包括用有机溶剂擦洗、碱洗和酸洗等方法。_____擦洗常用于衬里（如衬橡胶）设备表面喷砂后的清洗。碱洗主要用于各种金属表面的_____（如机油、矿物油、凡士林等）。酸洗是一种常用的净化方法，它可以除去金属表面的_____，如焊缝上的焊渣等。结合实际情况，本次生产采用_____清理方法。

3．角向磨光机安全操作规程

角向磨光机是材料表面清理的常用工具，它属于电动工具，转速较高，使用不当会造成严重的伤亡事故，因此使用者必须严格遵守角向磨光机安全使用操作规程，避免发生伤害事故。

学习角向磨光机安全操作规程，完成下列问题。

（1）操作时要佩戴保护_____，以免磨削碎屑飞溅入眼。

（2）打开开关后，要等砂轮转动_____后才能开始工作。

（3）操作时一定要先把长发_____。

（4）切割方向不能向着_____或_____、_____物品。

（5）连续工作_____h后要停15 min。

（6）_____用角向磨光机加工手持零件。

4．钢板表面清理

根据实际情况，本学习任务采用角向磨光机配钢丝轮进行表面清理。在教师的指导下完成下列问题，然后按操作要点完成钢板表面的清理。

（1）操作者应按要求穿戴好_____。

（2）检查角向磨光机外观是否完好，电源线有无_____现象，开关是否_____。

（3）角向磨光机使用前应先空转_____min，待其稳定后方可使用，若有明显振动，应立即关机。

（4）打磨过程中，电源线要在机身后面，远离角向磨光机_____部位。

（5）打磨轮与钢板保持_____夹角，部分接触效果最好。

（6）为避免工件过热，角向磨光机过载，施加压力不宜过_____，机身要_____移动。

（7）由于表面清理粉尘较大，建议使用_____及_____。

三、放样、排样、划线和标识移植

学生在教师的指导下，查阅资料完成下列问题，然后按技术要求完成放样、排样、划线和标识移植工作。

1．放样

（1）将工件_____或其展开图按_____的比例划在放样平台、平面图样、油毡纸或镀锌铁皮上的操作过程称为放样。放样的目的是制作_____。用样板下料和检查既方便、快捷，又可以提高下料效率和检查质量。对各种不规则的展开件可制作适用于该工件形状和尺寸的样板。

（2）以适当比例绘制本次加工试件的放样图。

2．排样

（1）排样是指在现有的板料、管料或型材上，对板厚、管材直径和厚度及型材规格相同的零件，在_____时所需要考虑的互相排样、套料以提高材料_____的工作，排样又称排料。排样是在现有材料上进行合理套料，优化排样组合，以节省_____和减少拼焊_____。因此，这就要求下料人员精心排样，合理套料，通过比较各种排样方案，选取拼接加工量_____且最省料的排样方案，从而降低材料消耗。

（2）根据所领取原材料的尺寸进行合理排样，以适当比例绘制排样图。

3．划线

（1）划线是按工件的展开尺寸、展开样板或图样以及工艺技术文件的要求以_____的比例直接在材料上划出零件的_____线、_____线和_____线的操作。划线是设备制造过程的关键工序，划线的精度直接影响零件的后续加工_____和生产_____。因此，划线后都要经过严格的检查才能转到下一步_____工序。

（2）划线按使用工具和设备不同分为_____划线和_____划线；按划线操作位置不同分为_____划线和_____划线。手工划线在实际工作中应用很广泛，使用的工具通常有划线盘、划规、直角尺、吊线锤和水平仪等。用划针或石笔划线时，应紧靠钢直尺或样板的_____划线。

（3）按排样图进行划线，检查划线质量，并将检查数据记录在表1-4-4中。

表1-4-4　　　　　　　　　　　　划线质量检查记录表

检查项目	实测尺寸	技术要求	备注
零件尺寸（长）/mm			超出尺寸要求的需重新划线
零件尺寸（宽）/mm			
零件尺寸（对角线）/mm			
线宽/mm			
零件数量/个			

4．标识移植

（1）标识是物项"_____"的标志，用来传递最基本的_____，其基本特征是_____性，用于显示材料自身特征；_____性，每件物项都有唯一的标识，是材料的"身份特征"；_____性，标识上的炉批号可以对物项的质量进行追踪。

（2）标识的种类主要包括_____标识、管材标识、管件标识和其他标识。

（3）标识方法包括_____、标签、_____和打标机书写4种。

（4）标识内容包括项目号、_____、_____、材质和炉批号等信息。

（5）在图1-4-4所示钢板标识的横线后写出各字母和数字的含义。

图1-4-4　钢板标识

（6）标识移植方法。余料尺寸大于或等于_____mm×_____mm时，应在下料分离前进行标识移植，经检验员确认标识后退回材料库。移植方法是在钢板的左边角用_____、_____或钢印标记，要求字迹清楚，标识移植完后需将标识_____，如图1-4-5所示。

图1-4-5　标识移植

子活动2　工件切割

工件切割是本次学习任务的关键环节，要求操作者具备稳定、熟练的操作技术和经验，才能保质、保量地完成切割任务。切割过程中要注意防火、防爆和防止发生烫伤事故。

一、火焰切割安全检查

金属火焰切割会用到可燃气体和压缩气瓶，使用不当就会引起火灾和爆炸，切割过程会产生高温飞溅，还会产生有害气体和烟尘，容易造成人员烫伤和中毒，因此，在切割前要做好安全检查和防护，确保安全生产。

1. 班组长检查小组成员安全防护用品的穿戴情况，填写安全防护用品检查表（表1-4-5），符合安全要求的在该项目内打"√"，反之打"×"。

表1-4-5　　　　　　　　　　　　　　安全防护用品检查表

姓名	焊接防护服	电焊手套	焊工防护鞋	护目镜	防尘口罩	工作帽

2. 安全员按气割场地安全要求进行安全检查，填写气割场地安全检查表（表1-4-6），符合安全要求的在该项目内打"√"，不符合要求的写明处理措施。

表1-4-6　　　　　　　　　　　　　　气割场地安全检查表

检查项目	检查情况记录	备注
场地周围无易燃、易爆物品		
现场配备灭火器材		
与周围场地联系情况		

3. 安全员按安全检查要求进行气割设备安全检查，填写气割设备安全检查表（表1-4-7），符合安全要求的在该项目内打"√"，不符合要求的写明处理措施。

表1-4-7　　　　　　　　　　　　　　气割设备安全检查表

检查项目	检查情况记录	备注
气瓶安放稳固（防倾倒）		
乙炔瓶与氧气瓶的距离适当		
减压器、压力表指针归零		
减压器与气瓶连接可靠，无漏气		
乙炔胶管、氧气胶管符合要求		
割炬射吸能力正常		
现场设备、工具和材料摆放符合"6S"管理规定		

二、实施切割

1．切割前检查

（1）将划线后的原材料平稳地放置在地面上，划线面朝_____，钢板与地面间要留有_____mm 的间隙，特别是切割线下方必须是_____的，如果是水泥地面，应预先在地面上铺设_____板，防止水泥受热爆裂伤人。

（2）割炬型号和喷嘴编号。割炬型号为_____，喷嘴编号为_____。

（3）检查割炬射吸能力是否正常：_____。

2．根据火焰切割工艺卡，将切割工艺参数填入表 1-4-8 中。

表 1-4-8　　　　　　　　　　　　　火焰切割工艺参数

割炬型号	喷嘴编号	氧气压力 /MPa	乙炔压力 /MPa	切割速度 /（mm/min）	喷炬角度 /（°）	喷嘴距工件表面的距离 /mm

3．工件切割方法

（1）按表 1-4-8 中的数据调节好乙炔和氧气压力，将割炬点火，先找一块与割件相同厚度的钢板进行试切割，然后检查切割质量，与切割质量分析表（表 1-4-9）中的质量要求进行对比。如果有一项以上达不到要求，就要重新调整切割工艺参数后再进行试切割，直到所有项目达到质量要求，并将达到质量要求时的切割工艺参数重新记录在表 1-4-8 中。

表 1-4-9　　　　　　　　　　　　　切割质量分析表

检查项目	质量要求	实际检查情况	处理措施
切割面	表面应光滑、干净且粗细一致		
挂渣	挂渣容易脱落		
割缝	缝隙较窄，而且宽窄一致		
割件棱角	不大于 1.0 mm 的边缘缺棱		
断面垂直度	不大于 1.0 mm		
断面平面度	不大于 0.5 mm		

（2）试切割件质量合格后，选择好_____位置（或穿孔位置）和切割_____，切割过程中要始终保持切割工艺参数_____。

（3）切割时不要一次完成多个工件，最好先完成一个工件，对第一个工件进行_____测量和切割质量检查，如果_____不合格，要重新划线或调整工艺参数。如果第一件工件的质量合格，就按照现有划线、工艺参数和工艺步骤完成所有工件的切割。

三、割件清理与自检

1.割件清理

（1）待割件冷却后，选择合适的清理方法及工具，并记录在表 1-4-10 中。

表 1-4-10　　　　　　　　　　　割件清理方法记录表

清理对象	清理方法	清理工具	备注
容易清理的挂渣			
较难清理的挂渣			

（2）总结清理过程中出现的问题，写出清理工作应注意的安全事项。

2.割件自检

（1）对清理完成的割件进行自检并填写自检记录表，见表 1-4-11。

表 1-4-11　　　　　　　　　　　割件自检记录表

技术要求		实际测量数据							
割件编号									
项目									
长度	（300±1）mm								
宽度	（120±1）mm								
坡口角度	30°±2°								
垂直度	≤1 mm								
平面度	≤2 mm								

（2）记录表 1-4-11 中尺寸不合格割件的数量，分析产生原因，提出解决措施，并填写割件质量分析记录表，见表 1-4-12。

表 1-4-12 　　　　　　　　　　　割件质量分析记录表

不合格项目	不合格件数	造成不合格的原因	解决措施	处理结果
长度、宽度				
坡口角度				
垂直度				
平面度				

四、工作收尾

1. 对使用后的设备、工具、材料进行整理，并与借用情况进行对比，将回收与借用情况记录在表 1-4-13 中。

表 1-4-13 　　　　　　　　　设备、工具、材料回收与借用情况记录表

序号	名称	借用		回收		备注
		规格	数量	规格	数量	
1						
2						
3						
4						
5						
6						
7						
8						
9						
10						
11						
12						
13						
14						
15						
16						
17						
18						
19						
20						
21						

2．将剩余的材料退回材料库并填写材料退库单，见表1-4-14。

表1-4-14　　　　　　　　　　　　　　　　　材料退库单

经办人		日期		
品名	质量	规格	数量	出库库房
库管		退库库房		日期
退库原因				
退库核准				

3．切割现场检查

（1）火焰切割任务完成后，要认真检查切割现场留下的火种和切割遗留下的高温_____，防止发生_____。

（2）火焰切割设备使用完毕，应按要求_____，摆放整齐，气瓶要_____瓶阀，管路里的残留气体要_____，使减压器指针_____，发生故障的要及时_____。

子活动3　学习活动评价

一、学习成果展示

1．各小组可以通过照片、视频、课件等形式，展示本组在本学习活动中的学习成果，讲述本组的优势，其他小组对展示进行评价并记录。

优势记录：

评价情况记录：

2．小组长汇报学习过程中出现质量问题的原因及解决措施，教师进行点评，并记录在表 1-4-15 中。

表 1-4-15 　　　　　　　　　　　质量分析记录表

质量问题	产生原因	解决措施	处理结果

二、填写学习活动评价表

根据学生在学习过程中的表现，按学习活动评价表（表 1-4-16）中的评价项目和评价标准进行评价。

表 1-4-16 　　　　　　　　　　　学习活动评价表

学习活动：＿＿＿＿＿＿＿　　　　　小组：＿＿＿＿＿＿＿　　　　　学生姓名：＿＿＿＿＿＿＿

序号	评价项目		评价标准	配分	评分			得分小计
					自我评价 20%	小组评价 30%	教师评价 50%	
1	职业素质	课堂出勤	上课有迟到、早退、旷课情况的酌情扣 1 ~ 5 分	5				
		课堂纪律	有课堂违纪行为或不遵守实训现场规章制度行为的酌情扣 1 ~ 7 分	7				
		学习表现	上课不能认真听讲，不积极主动参与小组讨论的酌情扣 1 ~ 7 分	7				
		作业完成	不按要求完成工作页、课外作业的酌情扣 1 ~ 8 分	8				
		团队协作	不能按小组分工进行团结协作，影响小组学习进度的酌情扣 1 ~ 5 分	5				
		资料查阅	不能按要求查阅资料完成相关知识学习，不能完成课后思考问题的酌情扣 1 ~ 5 分	5				
		安全意识	不遵守"6S"管理规定及安全操作规程的酌情扣 1 ~ 8 分	8				

续表

序号	评价项目		评价标准	配分	评分			得分小计
					自我评价 20%	小组评价 30%	教师评价 50%	
2	专业技能	领取并核对设备、工具和材料	不能正确填写领料单，领取并核对设备、工具和材料的酌情扣1～7分	7				
		表面清理	不能正确使用设备进行表面清理或清理达不到要求的酌情扣1～5分	5				
		放样、划线	不能正确放样、划线的酌情扣1～8分	8				
		安全确认	不能或没有对场地、设备进行安全确认的酌情扣1～5分	5				
		实施切割	不能按工艺卡要求进行切割的酌情扣1～10分	10				
		割后清理	不能正确使用工具进行割后清理的酌情扣1～5分	5				
		自检	不能或没有进行自检的酌情扣1～5分	5				
		工作收尾	不能按要求进行工作收尾的酌情扣1～5分	5				
3	创新	工作思路、方法有创新	工作思路、方法无创新的酌情扣1～5分	5				
合计				100				

学习活动 5　质量检验

学习目标

> 1. 能明确火焰切割质量检验标准。
>
> 2. 能正确使用检验工具，运用正确方法检验火焰切割质量并进行记录。
>
> 3. 能与相关人员进行有效沟通，获取解决问题的方法和措施，解决工作过程中的常见问题。
>
> 4. 能积极主动展示工作成果，对工作过程中出现的问题进行反思和总结，优化方案和策略，具备知识迁移能力。

学习活动描述

割件切割完成后，即将转入下一个生产工序即安装，为了保证安装工作顺利进行，在割件转入下一工序前要进行质量检验，防止不合格的割件给安装、焊接工作带来不利影响，最终影响产品质量。要求质检员熟知质量标准，能够采取合适的检验工具和方法进行检验，高质、高效地完成质量检验工作。

子活动与建议学时

子活动 1　切割质量检验（3 学时）
子活动 2　学习活动评价（1 学时）

学习准备

资料：教材、学习工作页、工艺文件和课件等。
工具：钢直尺、钢卷尺、石笔、游标卡尺、直角尺、焊接检验尺、放大镜、塞尺等。

材料：碳素结构钢切割件等。

安全防护用品：焊接防护服、电焊手套、护目镜、防尘口罩、焊工防护鞋、工作帽等。

子活动 1 切割质量检验

企业只有通过严格的质量检验，才有条件实现不合格的原材料不投产、不合格的半成品不转序、不合格的零件不装配、不合格的产品不出厂。

生产过程进行质量检验的目的不仅是筛选出各生产工序中的不合格品，起到把好产品质量关的作用，同时通过质量检验可以收集、积累及发现大量的质量信息和情报。为以后的生产工作提供理论依据，避免出现更大的事故和损失。

一、火焰切割质量检验标准

根据生产任务单和图样技术要求，结合机械行业标准《重型机械通用技术条件 第 2 部分：火焰切割件》（JB/T 5000.2—2007），确定本生产任务检验质量等级为二级，进而确定本次切割质量检验项目及标准，完成表 1-5-1 的填写。

表 1-5-1　　　　　　　　　　　　　割件质量检验项目及标准

检验项目	检验标准
垂直度公差	
尺寸精度（长、宽）	
坡口角度	
表面缺陷	
上缘熔化	
挂渣	

二、质量检验

1．检验方法

（1）在教师指导下，将质量检验方法及工具填入表 1-5-2 中。

表 1-5-2　　　　　　　　　　　　　质量检验方法及工具

检验项目	检验方法	检验工具
垂直度公差		
尺寸精度（长、宽）		
坡口角度		
表面缺陷		
上缘熔化		
挂渣		

（2）按表 1–5–2 中的检验方法进行割件质量检验，将检验结果记录在表 1–5–3 中（超差数值用红色笔记录）。

表 1–5–3   检验结果记录表

检验项目	检验结果																		
	1	2	3	4	5	6	7	8	9	10	11	12	13	14	15	16	17	18	19
垂直度公差																			
尺寸精度（长、宽）																			
坡口角度																			
表面缺陷																			
上缘熔化																			
挂渣																			

2．分析本次学习任务完成过程中出现质量问题的原因并提出解决措施。

子活动 2   学习活动评价

质量检验对企业的产品质量及市场信义至关重要，因此学习活动评价的重点应该放在对质量标准的理解程度、检验方法的正确性和质量检验的细致性上，产品质量的合格率次之。

一、学习成果展示

1．各小组由质检员汇报本组割件质量检验情况，简述本组在火焰切割过程中采用哪些方法可以控制切割质量。

2．各小组交流在质量检验时采用哪些方法可以使检验过程快捷有效。

二、填写学习活动评价表

根据学生在学习过程中的表现，按学习活动评价表（表1-5-4）中的评价项目和评价标准进行评价。

表1-5-4　　　　　　　　　　　　　学习活动评价表

学习活动：＿＿＿＿＿＿＿＿＿　　　　小组：＿＿＿＿＿＿＿＿＿　　　　学生姓名：＿＿＿＿＿＿＿＿＿

序号	评价项目		评价标准	配分	评分			得分小计
					自我评价 20%	小组评价 30%	教师评价 50%	
1	职业素质	课堂出勤	上课有迟到、早退、旷课情况的酌情扣1～7分	7				
		课堂纪律	有课堂违纪行为或不遵守实训现场规章制度的酌情扣1～8分	8				
		学习表现	上课不能认真听讲，不积极主动参与小组讨论的酌情扣1～7分	7				
		作业完成	不按要求完成工作页、课外作业的酌情扣1～8分	8				

续表

序号	评价项目		评价标准	配分	评分			得分小计
					自我评价 20%	小组评价 30%	教师评价 50%	
1	职业素质	团队协作	不能按小组分工进行团结协作，影响小组学习进度的酌情扣 1～5 分	5				
		资料查阅	不能按要求查阅资料并完成相关知识学习，不能完成课后思考问题的酌情扣 1～5 分	5				
		安全意识	不遵守"6S"管理规定及安全操作规程的酌情扣 1～10 分	10				
2	专业技能	质量标准	不能结合 JB/T 5000.2—2007 制定质量检验标准的酌情扣 1～10 分	10				
		质量检验	不能正确使用检验工具进行质量检验的酌情扣 1～20 分	20				
		合格率	合格率每降低 10% 扣 2 分，扣完为止	10				
3	创新	工作思路、方法有创新	工作思路、方法无创新的酌情扣 1～10 分	10				
合计				100				

学习活动6　总结与评价

学习目标

1. 能了解工作总结的基本格式。

2. 能正确撰写本学习任务的工作总结。

3. 能与相关人员进行有效沟通，获取解决问题的方法和措施，解决工作过程中的常见问题。

4. 能积极主动展示工作成果，对工作过程中出现的问题进行反思和总结，优化加工方案和策略，具备知识迁移能力。

学习活动描述

总结本学习任务中哪些方面做得较好，取得了很好的学习效果，哪些方面还存在问题，对小组学习造成阻碍，找到解决方法。在以后的学习任务中尽可能发挥优势，克服困难，使小组学习进入良性循环。

子活动与建议学时

子活动1　工作总结（3学时）
子活动2　学习任务评价（1学时）

学习准备

资料：教材、学习工作页、工艺文件和工作总结样例等。

设备：多媒体。

子活动 1 工 作 总 结

一、工作总结格式

1．查阅资料，简述工作总结的基本格式。

2．小组成员组内讨论，确定本组工作总结的统一格式。

二、撰写工作总结提纲

撰写碳素结构钢火焰切割学习任务工作总结的提纲。

三、撰写工作总结

1．按工作总结的格式，撰写个人碳素结构钢火焰切割学习任务工作总结（要求 500 字左右）。

2．小组讨论，按下列评分标准对各小组成员的工作总结打分，每组选出前 2 名参加班级评选。班级评选出前 3 名同学的工作总结进行展示。

评分标准：格式正确（2 分）；字迹清晰、工整（2 分）；实事求是，不弄虚作假（4 分）；条理清楚（2 分）。

3．小组长撰写小组工作总结。

子活动 2　学习任务评价

本次评价是对整个学习任务进行综合评价，要全面考虑各小组及成员在每个学习活动中的学习成果及表现，因此评价时要做到客观、公正。

一、评价方法

本学习任务的评价方法采用过程性考核与阶段性考核相结合的方式。

二、评价项目

过程性考核采用自我评价、小组评价和教师评价相结合的方式进行考核，让学生学会自我评价，教师要善于观察学生的学习过程，结合学生的自我评价、小组评价进行综合评价并提出改进建议。

阶段性考核主要侧重于学生课堂学习的表现、作业完成情况、考核方式 3 个方面。课堂考核包括出勤、学习态度、课堂纪律、小组合作与展示等情况。作业考核包括工作页的完成情况、课后作业和课前预习等情况。考核方式包括理论测试、实操测试和表述测试。

三、学习任务综合评价

在教师指导下，本着实事求是的态度，将个人的过程性考核和阶段性考核成绩填入表 1-6-1 中，交给教师进行审核。

表 1-6-1　　　　　　　　　　　　　学习任务综合评价表

序号	学习活动名称	考核性质	考核得分	考核占比 /%	学习活动得分	学习活动在综合评价中占比 /%	学习活动综合评价得分
1	明确工作任务	过程性考核		80		10	
		阶段性考核		20			
2	技能准备	过程性考核		40		20	
		阶段性考核		60			
3	制订计划	过程性考核		60		15	
		阶段性考核		40			
4	任务实施	过程性考核		50		35	
		阶段性考核		50			
5	质量检验	过程性考核		50		10	
		阶段性考核		50			
6	总结与评价	过程性考核		50		10	
		阶段性考核		50			
学习任务综合评价得分							

学习任务二　不锈钢等离子弧切割

学习目标

1. 能按要求选择、穿戴并维护安全防护用品。

2. 能读懂生产任务单、图样和切割工艺文件，明确工作任务、技术要求和质量标准。

3. 能按要求领取原材料，核对材料的牌号、规格及数量。

4. 能按工艺文件要求完成材料表面清理、放样、划线、标识等工作，使材料达到切割要求。

5. 能按要求选择切割设备、切割气体和工具等，能检查并确保设备、工具、作业场地和周围环境符合安全要求。

6. 能按工艺文件要求调节切割工艺参数，规范使用设备、切割气体和工具，完成切割、清理和标识移植等工作。

7. 能按质量检验标准进行自检并填写自检记录。

8. 能与相关人员进行有效沟通，获取解决问题的方法和措施，解决工作过程中的常见问题。

9. 能对设备和工具等进行日常维护及保养。

10. 能积极主动展示工作成果，对工作过程中出现的问题进行反思和总结，优化加工方案和策略，具备知识迁移能力。

建议学时

20 学时。

工作情境描述

某学校焊接班接到实习鉴定处的生产任务，为参加世界技能大赛选拔赛的队员准备不锈钢组合件练习用料，按生产任务单和图样要求完成 10 套组合件的下料任务，下料完成后经检验合格，交付实习鉴定处。

工作流程与活动

学习活动 1 明确工作任务（4 学时）

学习活动 2 技能准备（6 学时）

学习活动 3 制订计划（2 学时）

学习活动 4 任务实施（4 学时）

学习活动 5 质量检验（2 学时）

学习活动 6 总结与评价（2 学时）

学习活动 1　明确工作任务

学习目标

1. 能识读生产任务单，明确工作任务及技术要求。

2. 能正确识读不锈钢组合件装配图及零件图，明确技术要求。

3. 能认知常用不锈钢的牌号及其含义、性能和用途。

4. 能识读空气等离子弧切割工艺卡，明确等离子弧切割工艺参数及技术要求。

5. 能与相关人员进行有效的沟通，获取解决问题的方法和措施，解决工作过程中的常见问题。

6. 能积极主动展示工作成果，对工作过程中出现的问题进行反思和总结，优化加工方案和策略，具备知识迁移能力。

学习活动描述

在教师指导下，由班组长组织各小组成员完成等离子弧切割工艺文件的识读和分析，获取本工作任务的内容、技术要求和工艺方法，并学习相关基础知识。

子活动与建议学时

子活动1　识读工艺文件（3学时）

子活动2　学习活动评价（1学时）

学习准备

资料：教材、学习工作页、图样、生产任务单、等离子弧切割工艺卡和课件等。

子活动 1 识读工艺文件

工艺文件是指导生产操作，制订生产计划，调动劳动组织，安排物资供应，进行技术检验、工艺装备设计与制造、工具管理、经济核算等的依据。要获取生产任务的相关信息，必须深入分析工艺文件，获得关于生产任务的工艺流程、加工方法、质量要求、加工工艺等信息，明确生产任务的要求。

学习小组从教师处领取本次切割生产任务的相关工艺文件，在教师指导下，以小组为单位认真阅读并分析工艺文件，获取生产任务的相关信息，完成下列问题。

一、识读生产任务单

仔细阅读生产任务单（表 2-1-1），按照生产任务单提供的基本信息，查阅相关资料，明确工作任务的内容和要求。通过小组讨论，完成生产任务单的填写。

表 2-1-1　　　　　　　　　　　　　生产任务单

单　　号：_____　　　　　开单时间：_____年___月___日

开单部门：_____　　　　　开 单 人：_____

接 单 人：_____部_____组_____　　签　　名：_____

以下由开单人填写

产品名称	材料	数量	技术标准、质量要求
不锈钢组合件	06Cr19Ni10	10 套	按图样要求

任务细则	1. 到仓库领取相应的材料 2. 根据技术要求，选用合适的工具、量具和设备 3. 根据加工工艺进行加工，并交付检验 4. 填写生产任务单，清理工作场地，完成工具、量具和设备的维护与保养		
任务类型	等离子弧切割	完成工时	5 h
领取材料		仓库管理员（签名）	
领取工具、量具			年　月　日
完成质量 （小组评价）		班组长（签名）	
			年　月　日
用户意见 （教师评价）		用户（签名）	
			年　月　日
改进措施 （反馈改良）			

注：生产任务单与图样、工艺卡一起领取。

1．阅读生产任务单，明确工件名称、制作材料、工件数量和完成时间。

工件名称：_____；制作材料：_____；

工件数量：_____；完成时间：_____。

2．不锈钢及 304 不锈钢的成分、性能及用途

（1）不锈钢的定义

不锈钢是_____和_____的简称。在冶金学和材料科学中，依据钢的主要性能特征，将含铬量大于_____%，且以耐腐蚀性和不锈性为主要使用性能的一系列_____合金称为不锈钢。通常对在_____、_____和淡水等腐蚀性较弱的介质中不锈和耐腐蚀的钢种称为不锈钢；对在酸、碱、盐等腐蚀性强烈的环境中具有耐腐蚀性的钢种称为_____。不锈钢耐腐蚀的原因是铬与氧结合能生成耐腐蚀的_____钝化膜，这种钝化膜是不锈钢保持耐腐蚀性的基本元素之一，含铬量增加可提高钢的钝化膜_____能力，一般不锈钢中的含铬量必须在_____% 以上。

（2）不锈钢的分类

1）按组织结构分类，不锈钢可分为_____不锈钢、_____不锈钢、_____不锈钢和双相不锈钢等。

2）按主要化学成分或钢中一些特征元素分类，不锈钢可分为_____不锈钢、_____不锈钢、铬镍钼不锈钢、超低碳不锈钢、高钼不锈钢、高纯不锈钢等。

3）按性能特点和用途分类，不锈钢可分为耐_____（硝酸级）不锈钢、耐_____不锈钢、耐点蚀不锈钢、耐_____腐蚀不锈钢、高强度不锈钢等。

4）按功能特点分类，不锈钢可分为_____不锈钢、_____不锈钢、易_____不锈钢、超塑性不锈钢等。

（3）不锈钢的性能特点

1）奥氏体系不锈钢是面心立方结构，代表钢种是 304、321、316 等，其主要特点是在正常热处理条件下，钢的基体组织为_____，在不恰当热处理或不同受热状态下，奥氏体基体中有可能存在少量的碳化物和_____组织。奥氏体不锈钢_____通过热处理方法改变其力学性能，只能采用_____的方式进行强化。_____性、良好的_____性能、易成形性和_____是这类钢种的重要特性。

2）铁素体系不锈钢是_____结构，代表钢种是 409、430 等，其耐腐蚀性不如_____不锈钢，其主要特点是抵抗应力腐蚀开裂能力优于_____系不锈钢，常温下带_____性，热处理不能硬化，具有良好的_____性。

3）马氏体系不锈钢常温下具有马氏体组织，代表钢种是 410、420 等，其主要特点是常温下具有_____性，一般其耐腐蚀性_____，但强度高，适用于高强度结构用钢。高温下具有稳定的_____组织，空冷或油冷下转变成_____相，常温下具有完全的马氏体组织。

（4）304 不锈钢的基本知识

304 是美国材料与实验协会（ASTM）规定的不锈钢牌号，对应我国牌号_____（新牌号）、

_____（旧牌号）。304 不锈钢是一种很常见的_____不锈钢，又称_____型不锈钢，其耐腐蚀性好，加工性能好，因此广泛应用于工业、_____行业和_____行业等，如一些高档的不锈钢餐具、浴室用具和厨房用具等。

二、识读图样

1. 在教师指导下，识读不锈钢组合件装配图（图 2-1-1），总结识读装配图的步骤。

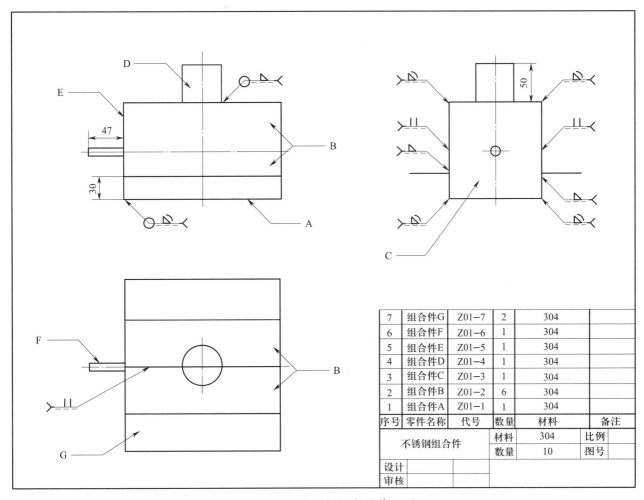

图 2-1-1　不锈钢组合件装配图

2. 识读图样，完成下列问题。

不锈钢组合件 A、B、C、E、G 的零件图分别如图 2-1-2 至图 2-1-6 所示。

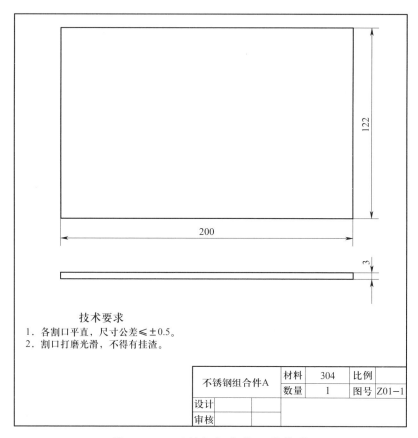

技术要求
1. 各割口平直，尺寸公差≤±0.5。
2. 割口打磨光滑，不得有挂渣。

不锈钢组合件A	材料	304	比例	
	数量	1	图号	Z01-1
设计				
审核				

图 2-1-2　不锈钢组合件 A 零件图

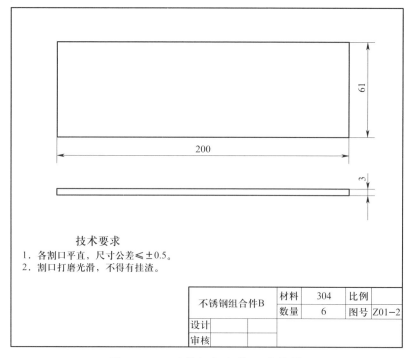

技术要求
1. 各割口平直，尺寸公差≤±0.5。
2. 割口打磨光滑，不得有挂渣。

不锈钢组合件B	材料	304	比例	
	数量	6	图号	Z01-2
设计				
审核				

图 2-1-3　不锈钢组合件 B 零件图

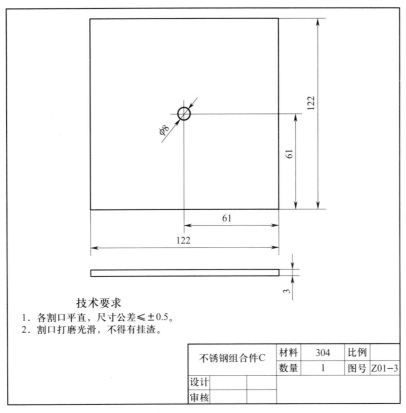

技术要求
1. 各割口平直，尺寸公差≤±0.5。
2. 割口打磨光滑，不得有挂渣。

不锈钢组合件C	材料	304	比例	
	数量	1	图号	Z01-3
设计				
审核				

图 2-1-4　不锈钢组合件 C 零件图

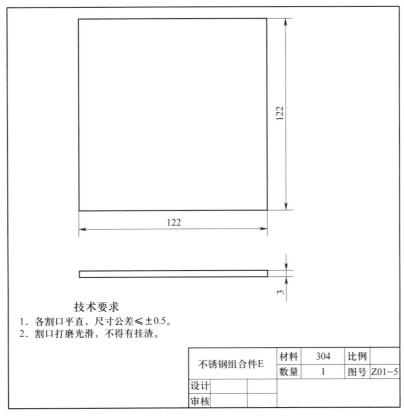

技术要求
1. 各割口平直，尺寸公差≤±0.5。
2. 割口打磨光滑，不得有挂渣。

不锈钢组合件E	材料	304	比例	
	数量	1	图号	Z01-5
设计				
审核				

图 2-1-5　不锈钢组合件 E 零件图

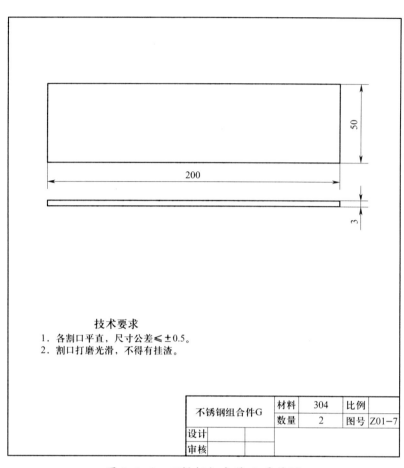

技术要求
1. 各割口平直，尺寸公差≤±0.5。
2. 割口打磨光滑，不得有挂渣。

不锈钢组合件G	材料	304	比例	
	数量	2	图号	Z01-7
设计				
审核				

图 2-1-6　不锈钢组合件 G 零件图

（1）识读不锈钢组合件装配图，如图 2-1-1 所示，每套组合件中共有_____块板，其中零件 A_____块，零件 B_____块，零件 C_____块，零件 E_____块，零件 G_____块；管件共_____根，管件 D_____根，管件 F_____根。本生产任务是加工零件_____、_____、_____、_____、_____。

（2）由装配图和各零件的零件图可知，各零件的材料均为_____，板的厚度为_____mm，其化学成分中的含碳量为_____%，含铬量为_____%。

（3）其中需钻孔的零件为_____，钻孔直径为_____mm。

（4）由图 2-1-1 可知，对接焊缝共有_____处，均为组合件_____的对接，从焊接位置看，其中一处焊缝为_____焊缝，两处为_____焊缝。

（5）零件图中对不锈钢切割件的技术要求有哪些？

三、识读工艺卡

识读等离子弧切割工艺卡（表2-1-2），查阅相关资料，明确工艺卡的内容及要求，完成下列问题。

表2-1-2　　　　　　　　　　　　　　　　等离子弧切割工艺卡

割件名称	不锈钢组合件			编号	
规格	3 mm	材质	06Cr19Ni10	切割方法	等离子弧切割

工艺流程								
材料准备	实尺放样	割前准备	实施切割	割后清理	自检	外观质量检验项目		
						形状	尺寸	清理打磨
√	√	√	√	√	√	√	√	√

切割工艺					
序号	项目	要求	序号	项目	要求
1	切割方法	等离子弧切割	5	切割速度	700 ~ 850 mm/min
2	空气压力	0.3 ~ 0.4 MPa	6	切割电流	40 ~ 60 A
3	电弧电压	130 ~ 160 V	7	空载电压	300 V
4	割炬倾角	90°	8	喷嘴至割件表面的距离	6 ~ 8 mm

操作要领：

1. 从生产部领取图样，认真阅读图样，了解所要切割材料的厚度、宽度、强度等技术数据，并吊运钢板至切割平台上，进行清理和划线。

2. 打开压缩空气阀门，查看压缩空气压力是否正常，压缩空气压力应在0.3 ~ 0.4 MPa之间。

3. 检查等离子弧焊枪电极和喷嘴的使用状况，如有明显烧损或电弧不正时需要更换电极。保证喷嘴的喷口圆度，喷口为椭圆时需更换喷嘴，更换电极和喷嘴时需关闭电源。

4. 必须按照工艺人员提供的参数进行切割，根据零件尺寸和钢板大小合理排样，以节省材料和提高切割效率。

（1）合理的排料是指在保证切割质量的前提下，以最少的穿孔次数和最短的切割路径完成零件切割。

（2）非特殊情况严禁出现"大板开小料"现象，如需领料要通过生产计划部。

5. 正式切割前，应根据划线先空运行一遍设备，观察情况，确认正确无误后才能切割。

6. 在切割时，先输送压缩空气，并在短时间内马上打开等离子弧切割开关。在切割过程中，随时观察切割质量。

7. 切割完毕，要仔细测量尺寸，如有较大误差，需停止操作，重新划线或调节工艺参数。

8. 工作完毕，先用压缩空气将设备上的灰尘吹干净，再用干布擦净。如导轨上有锈斑，则用干布擦拭，不可加润滑油。

9. 切割结束，关机并切断电源，对设备进行清扫，关闭压缩空气阀门。

质量检验要求			
外观检查	形状	尺寸	表面打磨
	符合图样要求	符合图样要求	符合技术要求

安全注意事项：

1. 进入车间必须佩戴护目镜、耳塞、电焊手套、防尘口罩，穿好焊接防护服、焊工防护鞋。

2. 考虑到工作的特殊性，在实际工作中起重物件时，应避免撞坏设备和砸伤人，因此无特殊工种操作证者一律不得操纵。

3. 设备的运动方向和速度都是不确定的，所有与生产过程无关的人员、材料都要远离设备。

4. 所有与该设备有关的人员必须严格执行各项安全防护标准，不能在运行中接触割炬，在防护盖或电气箱盖未合上时，不能开动设备。

5. 等离子弧切割机必须做到良好接地。

6. 定期检查所有接头是否有泄漏，钢缆和软管是否磨损、被腐蚀，检查电线、电缆是否有危险，重物不能压过电缆，明确各种部件所需的压力和专用工具。

7. 保持设备清洁、工作状态良好，区域内无油脂和其他易燃品。

8. 正确操作所有阀门，确保气缸不会脱落。保持良好通风。

9. 吊运钢板时，要注意吊绳的牢固程度，如已有明显缺陷，禁止使用。吊运钢板时，要把设备停在轨道端部，以防行车等意外事故的发生而损坏设备，吊运钢板时严禁在设备上空运行。

1. 查阅资料，简述等离子弧切割的工作原理。

2. 分析等离子弧切割工艺卡，简述等离子弧切割的工艺流程。

3. 列举等离子弧切割的工艺参数。

4．查阅资料，简述不锈钢不能用火焰切割的原因。

子活动 2　学习活动评价

一、学习成果展示

1．各小组推荐一名学生汇报本组所获取的关于学习任务的信息，其他各组进行查漏补缺并记录（每组汇报 5 min）。

2．通过交流讨论，总结本次学习活动中存在的不足。

二、填写学习活动评价表

根据学生在学习过程中的表现，按学习活动评价表（表 2-1-3）的评价项目和评价标准进行评价。

表 2-1-3 学习活动评价表

学习活动：＿＿＿＿＿＿＿＿　　小组：＿＿＿＿＿＿＿＿　　学生姓名：＿＿＿＿＿＿＿＿

序号	评价项目		评价标准	配分	评分			得分小计
					自我评价 20%	小组评价 30%	教师评价 50%	
1	职业素质	课堂出勤	上课有迟到、早退、旷课情况的酌情扣 1～5 分	5				
		课堂纪律	有课堂违纪行为或不遵守实训现场规章制度的酌情扣 1～7 分	7				
		学习表现	上课不能认真听讲，不积极主动参与小组讨论的酌情扣 1～7 分	7				
		作业完成	不按要求完成工作页、课外作业的酌情扣 1～8 分	8				
		团队协作	不能按小组分工进行团结协作，影响小组学习进度的酌情扣 1～5 分	5				
		资料查阅	不能按要求查阅资料完成相关知识学习，不能完成课后思考问题的酌情扣 1～5 分	5				
		安全意识	没有安全意识，不遵守安全操作规程，造成伤害事故的酌情扣 1～8 分	8				
2	专业技能	识读生产任务单	不能正确识读生产任务单获取生产任务信息的酌情扣 1～10 分	10				
		识读工艺卡	不能正确识读工艺卡获取相关切割信息的酌情扣 1～20 分	20				
		识读图样	不能正确识读图样获取图样信息和技术要求的酌情扣 1～20 分	20				
3	创新	工作思路、方法有创新	工作思路、方法无创新的酌情扣 1～5 分	5				
合计				100				

学习活动 2　技 能 准 备

 学习目标

1. 能简述等离子弧切割的原理及特点。

2. 能认知、安装、检查及使用等离子弧切割设备和工具。

3. 能正确调节等离子弧切割工艺参数。

4. 能规范地完成等离子弧切割任务。

5. 能对等离子弧切割设备和工具等进行日常维护及保养。

6. 能遵守等离子弧切割安全操作规程及"6S"管理规定。

7. 能积极主动展示工作成果，对工作过程中出现的问题进行反思和总结，优化加工方案和策略，具备知识迁移能力。

 学习活动描述

为了完成不锈钢等离子弧切割工作任务，学生需要熟知等离子弧切割相关理论及安全知识，能独立操作等离子弧切割设备，按工艺要求进行切割，切割质量达到技术要求后才能正式进行生产，因此学生在进行正式生产前必须进行技能训练。

 子活动与建议学时

子活动 1　等离子弧切割认知（2 学时）

子活动 2　等离子弧切割技能训练（3.5 学时）

子活动 3　学习活动评价（0.5 学时）

学习准备

资料：教材、学习工作页、等离子弧切割工艺文件、等离子弧切割设备图片、课件等。

工具：活扳手、旋具、钢丝钳、低压验电笔、石笔、钢直尺等。

材料：06Cr19Ni10 不锈钢板（规格为 500 mm×360 mm×3 mm，每组两块）、空气等离子弧切割电极、空气等离子弧切割保护罩等。

设备：多媒体、空气等离子弧切割机（配空气压缩机 1 台）等。

安全防护用品：焊接防护服、电焊手套、护目镜、防尘口罩、焊工防护鞋、工作帽等。

子活动 1　等离子弧切割认知

等离子弧切割属于特种作业，在进行等离子弧切割工作前，必须学习等离子弧切割的相关知识，作为等离子弧切割操作技能的知识支撑，特别是等离子弧切割设备和工具的认知及使用、等离子弧切割工艺参数的选择以及等离子弧切割安全要求等，为等离子弧切割技能训练打好基础。

一、等离子弧切割基础知识

1. 简述等离子弧切割的工作原理。

2. 查阅资料，简述等离子弧的形成机理。

3．等离子弧的类型和特点

（1）等离子弧有3种类型，分别为＿＿＿＿＿弧、＿＿＿＿＿弧和＿＿＿＿弧。

（2）转移弧的阴极斑点和阳极斑点分别落在＿＿＿＿和＿＿＿＿上，产生的热量多且集中，既可用于切割，也可用于焊接，这种类型的等离子弧发生在电极和工件间，所以要求工件必须是＿＿＿＿。

（3）非转移弧产生于＿＿＿＿与＿＿＿＿之间，高温焰流经喷嘴喷出，阳极斑点在喷嘴上，热量损失较多，导致等离子弧的温度降低，适用于＿＿＿＿＿的切割和焊接，既可切割＿＿＿＿＿材料，也可切割＿＿＿＿＿材料。

（4）转移弧和非转移弧同时存在的等离子弧称为＿＿＿＿＿弧。联合型弧的两个电弧分别由两个电源供电。主电源加在＿＿＿＿和＿＿＿＿间产生等离子弧，是主要的焊接热源。另一个电源加在钨极和＿＿＿＿间产生小电弧，称为＿＿＿＿电弧。维持电弧在整个焊接过程中连续燃烧，其作用是维持气体电离，即在某种因素影响下，等离子弧＿＿＿＿＿时，依靠维持电弧可立即使等离子弧＿＿＿＿＿。联合型弧主要用于＿＿＿＿＿焊接和＿＿＿＿＿的喷焊。

4．等离子弧切割工艺参数

（1）切割电流

切割电流和电压决定了等离子弧＿＿＿＿和＿＿＿＿的大小。在增大切割电流的同时，应相应地增强其他参数，若单纯增大电流，则切口＿＿＿＿，＿＿＿＿＿会加剧，而且过大的切割电流会产生＿＿＿＿现象，因此，应根据电极和喷嘴来选择合适的电流。

（2）空载电压

空载电压高，易于引弧，特别是切割＿＿＿＿板材和采用＿＿＿＿＿气体时，空载电压要相应增高。

（3）切割速度

提高切割速度会使切口区域受热＿＿＿＿，切口＿＿＿＿，甚至不能切透工件；但切割速度过慢，切口表面＿＿＿＿，甚至在切口底部会形成＿＿＿＿，使清渣困难。

（4）气体流量

气体流量大，有利于压缩电弧，能量更为集中，同时工作电压也随之提高，可提高切割＿＿＿＿和切割质量。但气体流量过大，会使电弧散失一定的＿＿＿＿，＿＿＿＿切割能力。

（5）喷嘴距工件的距离

喷嘴距工件的距离一般为＿＿＿＿＿mm。

5．空气等离子弧切割

（1）查阅资料，简述空气等离子弧切割的特点。

（2）认识空气等离子弧切割设备（以LGK-60型等离子弧切割机为例），在图2-2-1所示的等离子弧切割电源中的横线上填写各部分的名称。

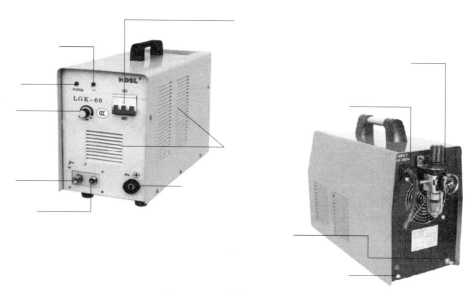

图 2-2-1　等离子弧切割电源

（3）按图2-2-2所示的等离子弧切割设备连接关系，将等离子弧切割机连接起来并检查连接的可靠性。

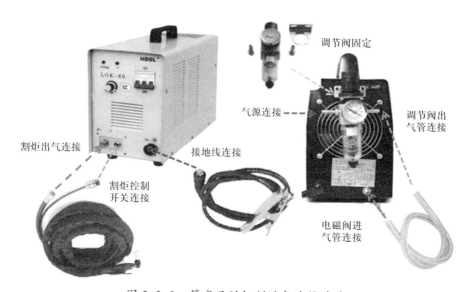

图 2-2-2　等离子弧切割设备连接关系

（4）写出图 2-2-3 所示等离子切割中割炬易损件编号对应的名称，并练习更换易损件。

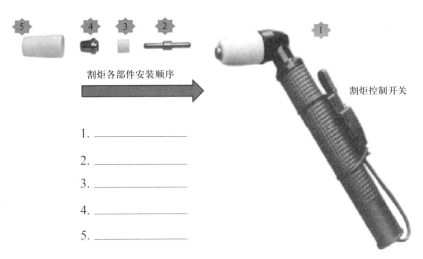

割炬各部件安装顺序 ➡

割炬控制开关

1. _____
2. _____
3. _____
4. _____
5. _____

图 2-2-3　割炬

二、等离子弧切割安全要求

在等离子弧切割过程中会产生一些有害的因素，影响操作人员的健康，因此必须能够辨识这些有害因素，并采取相应措施防止事故的发生。

1. 防电击

等离子弧焊接和切割所用电源的_____较高，尤其在手工操作时，有_____的危险。因此，在使用电源时必须可靠_____，焊枪枪体或割炬与手接触部分必须可靠_____。如果启动开关装在手把上，必须对外露开关套上_____套管，避免手直接接触开关。尽可能采用自动操作方法。

2. 防弧光辐射

等离子弧弧光辐射强度大，它主要由_____辐射、_____辐射与_____辐射组成。尤其是_____强度大，对皮肤损伤严重，操作者在焊接或切割时必须佩戴良好的_____、_____，最好加上吸收紫外线的镜片。自动操作时，可在操作者与操作区之间设置_____。等离子弧切割时，可采用_____的方法，利用水来吸收光辐射。

3. 防烟尘

等离子弧焊接与切割过程中伴随有大量汽化的_____蒸气、_____、_____等。切割时，由于气体流量大，工作场地上的灰尘大量扬起，这些烟尘对操作者的_____、_____等影响严重。切割时，在栅格工作台_____还可以安装排风装置，也可以采取_____的方法。

4. 防噪声

等离子弧会产生_____、_____的噪声，采用大功率等离子弧切割时，其噪声更大，这会对操作者的_____系统和_____系统产生有害影响。等离子弧切割的噪声能量集中在 2 000 ~ 8 000 Hz 范围内，操作者必须戴_____。在可能的条件下，尽量采用_____切割，使操作者在隔音良好的操作室内工作，也可以采取_____的方法，利用水来吸收噪声。

子活动 2　等离子弧切割技能训练

本次切割任务是为不锈钢组合件备料，对零件的尺寸精度要求较高，如果尺寸达不到技术要求，就会给组合件的装配和焊接带来困难。要有熟练而稳定的等离子弧切割技能，才能保证切割件的质量。

一、等离子弧切割设备的准备与检查（以 LGK-60 型等离子弧切割机为例）

半自动空气等离子弧切割设备由电源、气路部分和小车行走机构 3 部分组成，等离子弧切割机电源电压较高，因此使用前要检查电路部分是否漏电和接地，气路部分要检查空气压缩机电路部分的安全和气路连接部位的气密性，小车行走机构要检查电路部分及小车行走的灵活性。

在教师指导下，按等离子弧切割设备安全点检表（表 2-2-1）检查其安全性，若无异常情况在相应栏内打"√"，有异常情况则在对应栏内描述异常情况，并写明处理措施。

表 2-2-1　　　　　　　　　　　　　　　等离子弧切割设备安全点检表

检查部位	异常情况描述	处理措施	备注
电源一次接线			
电源接地			
电源二次接线			
空气压缩机电源侧			
空气压缩机气密性			
小车电源			
小车行走机构			

二、割件准备

06Cr19Ni10 不锈钢板，规格为 500 mm×360 mm×3 mm，每组两块。

1．割件准备

（1）清理

将专用不锈钢清洗剂＿＿＿＿喷洒于不锈钢板表面，保持＿＿＿＿min，再用＿＿＿＿的抹布将清洗剂擦拭干净，使不锈钢板露出＿＿＿＿＿＿，再用清水冲洗即可。

（2）划线

待清理后的不锈钢板表面＿＿＿＿后，用＿＿＿＿在钢板表面每隔 30 mm 划一条切割线，并用样冲在切割线上打上＿＿＿＿。

2．选择等离子弧切割工艺参数，填写在表 2-2-2 中，练习工艺参数的调节。

表 2-2-2　　　　　　　　　　　　　　　等离子弧切割工艺参数

喷嘴至割件表面距离 /mm	空载电压 /V	切割电流 /A	切割电压 /V	空气压力 /MPa	切割速度 / (cm/min)

3．设备操作要点

（1）将切割小车放于工作台导轨上，将等离子弧切割的直柄割炬固定于切割小车上的夹具内，置于小车＿＿＿＿＿＿一侧，将割炬的电缆置于小车带护板的＿＿＿＿＿＿，避免影响小车行走或被切割下的＿＿＿＿烫坏。

（2）接通空气压缩机电源，观察储气罐压力表读数是否大于＿＿＿＿＿＿MPa。

（3）接通控制线路，检查电极和喷嘴安装是否＿＿＿＿＿。

（4）将割件固定于工作台上，将电源的＿＿＿＿＿与工作台连接牢固。

（5）调整割炬位置，使喷嘴至割件表面的距离为＿＿＿＿＿mm。

（6）启动切割电源，查看＿＿＿＿＿是否正常，并初步选择＿＿＿＿＿，戴好＿＿＿＿＿，准备切割。

4．切割技能操作要点

（1）拨动电源开关，让小车行走，使喷嘴的运动轨迹与＿＿＿＿＿重合，否则应调整＿＿＿＿＿或＿＿＿＿＿使两者重合。

（2）将喷嘴孔对准割件边缘，按下＿＿＿＿＿＿开关，将割件边缘割穿后，拨动小车＿＿＿＿＿和＿＿＿＿＿，使割炬沿切割线进行切割，在切割过程中应适当调整＿＿＿＿＿和＿＿＿＿＿，使切割效果达到最佳。

（3）切割结束，先断开＿＿＿＿＿电源开关，等离子弧熄灭后，再断开小车的＿＿＿＿＿和＿＿＿＿＿。

5．总结练习过程中容易出现的问题，查阅资料，填写切割质量问题分析表，见表 2-2-3。

表 2-2-3　　　　　　　　　　　　　　　切割质量问题分析表

出现的问题特征	产生原因	防止措施
切口不光洁		
割不透		
结瘤		

三、技能训练目标

练习者至少完成 10 条割缝练习，达到起割准确、起弧平稳、割缝平直、切口表面光洁的要求，练习过程中要严格遵守 "6S" 管理规定。

1．记录每次切割练习中出现的问题，分析原因并提出解决措施，填写等离子弧切割技能训练问题汇总表，见表2-2-4。

表2-2-4　　　　　　　　　　　　等离子弧切割技能训练问题汇总表

序号	出现问题	产生原因	解决措施	效果
1				
2				
3				
4				
5				
6				
7				
8				
9				
10				

2．总结等离子弧切割技能训练的心得体会。

子活动3　学习活动评价

一、学习成果展示

1．各小组由安全员进行等离子弧切割设备连接和易损件更换的展示，要求边操作边讲述操作要点及安全注意事项，其他小组对展示进行评价。

操作要点：

安全注意事项：

意见及建议：

2．各小组选出组内等离子弧切割技能训练过程中评价较好的割件进行展示，并由操作者讲述该割件的优点，其他小组进行记录，填入表 2-2-5 中。

表 2-2-5　　　　　　　　　　割件质量优点及获得途径

序号	质量优点	获得途径
1		
2		
3		
4		
5		

3．总结本次学习活动的心得体会。

二、填写学习活动评价表

根据学生在学习过程中的表现，按学习活动评价表（表2-2-6）的评价项目和评价标准进行评价。

表2-2-6　　　　　　　　　　　　学习活动评价表

学习活动：_____　　小组：_____　　学生姓名：_____

序号	评价项目		评价标准	配分	评分			得分小计
					自我评价 20%	小组评价 30%	教师评价 50%	
1	职业素质	课堂出勤	上课有迟到、早退、旷课情况的酌情扣1～5分	5				
		课堂纪律	不服从指导教师管理或不遵守实训现场规章制度的酌情扣1～7分	7				
		学习表现	上课不能认真听讲，不积极主动参与小组讨论的酌情扣1～7分	7				
		作业完成	不按要求完成工作页、课外作业的酌情扣1～8分	8				
		团队协作	不能按小组分工进行团结协作，影响小组学习进度的酌情扣1～5分	5				
		资料查阅	不能按要求查阅资料完成相关知识学习，影响小组学习进度的酌情扣1～5分	5				
		安全意识	没有安全意识，不遵守安全操作规程，造成伤害事故的酌情扣1～8分	8				
2	专业技能	安全检查	不能用正确方法对设备、场地进行检查的酌情扣1～8分	8				
		设备安装	不能正确安装设备、对设备进行调试的酌情扣1～4分	4				
		切割训练	不能正确进行练习，切割质量达不到要求的酌情扣1～20分	20				
		切割质量	不能正确分析切割质量问题产生原因，不能提出改进措施的酌情扣1～10分	10				
		"6S"管理规定	训练过程中不遵守"6S"管理规定的酌情扣1～8分	8				
3	创新	工作思路、方法有创新	工作思路、方法无创新的酌情扣1～5分	5				
合计				100				

学习活动 3　制 订 计 划

学习目标

1. 能熟悉等离子弧切割工艺流程。

2. 能按生产任务单的要求分析工作任务。

3. 能合理进行小组成员分工。

4. 能与相关人员进行有效沟通，获取解决问题的方法和措施，解决工作过程中的常见问题。

5. 能积极主动展示工作成果，对工作过程中出现的问题进行反思和总结，优化加工方案和策略，具备知识迁移能力。

学习活动描述

各小组制订本组的工作计划并审定，使本组的生产工作规范、有序地进行，达到高质、高效的生产目标。

子活动与建议学时

子活动 1　工作计划编写与审定（1.5 学时）
子活动 2　学习活动评价（0.5 学时）

学习准备

资料：教材、学习工作页、图样和课件等。

设备：多媒体。

子活动1　工作计划编写与审定

在碳素结构钢火焰切割的学习任务中已经编写过工作计划，本次学习活动的工作计划可以参照碳素结构钢火焰切割工作计划进行编写。

一、工作计划编写

1．绘制本次等离子弧切割工作任务的工艺流程图。

2．根据不锈钢等离子弧切割工艺文件填写切割任务分解表，见表2-3-1。

表2-3-1　　　　　　　　　　　　　　切割任务分解表

工序	工步	工作要求及任务量
割前准备	材料的领取、检查及核对	
	材料表面清理	
	放样、划线	
	等离子弧切割设备安装及检查	
切割下料	切割下料	
	安全监护	
割件清理	割件清理	
质量检查	质量检验	
工作结束	设备、工具整理	
	场地清理、检查	

3．分析表2-3-1，各学习小组应分配_____个人相互配合完成工作任务比较合理，全班学生一共分为_____个小组共同完成生产任务，各小组的具体生产任务是_____。

4．根据等离子弧切割任务分析的结果，完成小组内任务分工，填写工作计划表，见表2-3-2。

小组成员必须明确自己的分工及职责，按要求完成本职工作，体现出小组工作计划的有效性。为了激励学生，工作任务完成后，在小组内评选出优秀成员进行表彰，如优秀安全员、优秀质检员等。

表2-3-2　　　　　　　　　一体化_____小组工作计划表

_____年___月___日

小组信息	组长：		成员：	
	口号：		记录员：	
本次学习任务：			任务时间：	
人员分工	安全员：	质检员：	保管员：	
	卫生员：	操作员：		

具体安排	展示方式及要求
布置事项（组长填写）：	安全纪律 人员分工 工作目标
资源需求：	设备、工具、材料等（半自动等离子弧切割机、不锈钢板等） 多媒体（笔记本电脑、投影仪）
工序、工步安排：	示意图 表格 文本 黑板 其他
加工步骤：	流程图 工艺文件 文本 其他
产品介绍：	口述 模型 白板
审核人：	批准人：

注：小组分工是为了团队协作完成任务，提高工作效率，因此，分工时要注意合理分配人员和工作任务，做到工作不冲突，衔接性好，避免出现人员闲置或不足的现象。

二、工作计划审定

1. 各组推荐一名学生汇报本组的工作计划，简述编写的依据，其他成员记录本组与其他各组的计划相比的不足之处及其他组计划的优点。

2. 教师点评各组汇报情况，指出各组工作计划的不足之处，小组成员做记录并提出修改方案。

3. 综合各组工作计划的汇报情况和教师点评，编写本组最终工作计划，完成表 2-3-3 的填写。

表 2-3-3　　　　　　　　　　一体化＿＿＿＿＿＿小组工作计划表

＿＿＿＿年＿＿月＿＿日

小组信息	组长：		成员：
	口号：		记录员：
本次学习任务：			任务时间：
人员分工	安全员：　　　　质检员：　　　　保管员： 卫生员：　　　　操作员：		
具体安排			展示方式及要求
布置事项（组长填写）：			安全纪律 人员分工 工作目标
资源需求：			设备、工具、材料等（半自动等离子弧切割机、不锈钢板等） 多媒体（笔记本电脑、投影仪）
工序、工步安排：			示意图 表格 文本 黑板 其他

续表

具体安排	展示方式及要求
加工步骤：	流程图 工艺文件 文本 其他
产品介绍：	口述 模型 白板
审核人：	批准人：

子活动 2　学习活动评价

一、学习成果展示

1. 各组选出组内优秀成员，汇报本组对不锈钢等离子弧切割任务的分析及工作计划，并进行简要说明（时间不超过 5 min），其他小组进行评价。

优点：

缺点：

2. 总结本次学习活动的心得体会。

二、填写学习活动评价表

根据学生在学习过程中的表现，按学习活动评价表（表2-3-4）中的评价项目和评价标准进行评价。

表2-3-4 学习活动评价表

学习活动：_____ 小组：_____ 学生姓名：_____

序号	评价项目		评价标准	配分	评分			得分小计
					自我评价 20%	小组评价 30%	教师评价 50%	
1	职业素质	课堂出勤	上课有迟到、早退、旷课情况的酌情扣1～7分	5				
		课堂纪律	有课堂违纪行为或不遵守实训现场规章制度的酌情扣1～8分	5				
		学习表现	上课不能认真听讲，不积极主动参与小组讨论的酌情扣1～7分	5				
		作业完成	不按要求完成工作页、课外作业的酌情扣1～8分	5				
		团队协作	不能按小组分工进行团结协作，影响小组学习进度的酌情扣1～5分	5				
		资料查阅	不能按要求查阅资料完成相关知识学习，不能完成课后思考问题的酌情扣1～5分	5				
		安全意识	没有安全意识，不遵守安全操作规程，造成伤害事故的酌情扣1～10分	10				
2	专业技能	等离子弧切割工艺流程	不能正确编写工艺流程的酌情扣1～10分	10				
		任务分解	不能准确分解工作任务的酌情扣1～10分	10				
		工作计划	不能合理编写工作计划的酌情扣1～10分	10				
		小组分工	小组分工不合理或分工不明确的酌情扣1～10分	10				
		工作计划汇报	不能详细汇报本组工作计划或计划不明确的酌情扣1～10分	10				
3	创新	工作思路、方法有创新	工作思路、方法无创新的酌情扣1～10分	10				
	合计			100				

学习活动4　任 务 实 施

学习目标

1. 能填写领料单，领取工具、设备和材料并进行核对。

2. 能按照工艺文件要求，完成材料表面清理并使其达到切割要求。

3. 能正确进行排样、号料、划线、标识移植等工作。

4. 能按照工艺文件要求调节工艺参数，规范使用设备、切割气体和工具，完成切割、清理等工作。

5. 能按照质量检验标准进行自检，填写自检记录。

6. 能对设备和工具等进行日常维护及保养。

7. 能与相关人员进行有效沟通，获取解决问题的方法和措施，解决工作过程中的常见问题。

8. 能积极主动展示工作成果，对工作过程中出现的问题进行反思和总结，优化加工方案和策略，具备知识迁移能力。

学习活动描述

任务实施是本次学习任务的核心，要求按计划领取设备、工具和材料并进行核对；完成设备的安装和检查；对原材料进行清理、放样、排样和划线；切割工件；割后清理；对工件质量进行自检等。

子活动与建议学时

子活动1　等离子弧切割准备（2学时）

子活动2　工件切割（1.5学时）

子活动3　学习活动评价（0.5学时）

学习准备

资料：教材、学习工作页、图样、课件等。

工具：活扳手、旋具、钢直尺、钢卷尺、石笔、游标卡尺、直角尺、胶管卡子等。

材料：不锈钢板、空气等离子弧切割电极和喷嘴（易损件）等。

设备：多媒体、空气等离子弧切割设备（配空气压缩机 1 台）等。

安全防护用品：焊接防护服、焊工防护面罩、电焊手套、护目镜、防尘口罩、焊工防护鞋、工作帽等。

子活动 1　等离子弧切割准备

在正式进行等离子弧切割前，有很多前期准备工作，如设备、工具的准备；材料的领取及核对；材料表面清理；零件的放样、排样、划线；场地、设备的安全检查等。准备工作与切割质量有着密切的联系，要得到高质量的割件，准备工作必须准确、完整。

一、领取设备、工具、材料

1. 根据工作计划表，填写领料单（工具类）（表 2-4-1），领取并核对工具的规格、型号和数量，将核对情况或替代情况填入备注栏。

表 2-4-1　　　　　　　　　　　　领料单（工具类）

年　　月　　日

序号	名称	规格、型号	数量	备注

领料：　　　　　　　审核：　　　　　　　仓库：

2．领取不锈钢等离子弧切割任务所需要的材料，填写领料单（工程材料），见表2-4-2。

表2-4-2　　　　　　　　　　　　　　　　领料单（工程材料）

工程名称：　　　　　　　　　　　　　　　　　　　　　　　　　　　　　　　第　　页

序号	名称	规格、型号	材质	单位	数量	备注

审核：　　　　　　　　　　　　　　编制：　　　　　　　　　　年　　月　　日

3．核对材料的牌号、规格和数量，并记录在表2-4-3中。

表2-4-3　　　　　　　　　　　　　　材料核对情况记录表

材料	牌号	规格	数量	备注
计划材料				
实领材料				

二、材料表面清理

为防止不锈钢板表面的油渍和污垢对切割造成影响，切割前应用专业清洗剂_____清理表面油渍和污垢，具体操作方法是用_____倍的稀释溶液或原液均匀喷在待清理表面上，静置_____min，再用抹布擦拭钢板表面，直至露出金属光泽。操作过程中为了避免液体进入眼睛或伤及手部，要求操作者佩戴_____和_____手套。如果清洗过程中溶液清洗能力下降，要及时补加新溶液。

三、放样、排样、划线和标识移植

1．仔细阅读生产任务单和图样，结合所领取的不锈钢板的尺寸，本着提高材料利用率和减少废料的原则，小组讨论并绘制出合理的排样方案图（选择适当比例）。

2. 划线。排样方案经审核确定无误后，用石笔（或划针）将排样图放样到_____上，划线宽度尽量细些，划完后检查划线质量，检查无误后用样冲在线上每隔_____mm打上样冲眼，并在相应割件上标上零件图的_____将剩余材料进行标识移植。

3. 检查划线质量及尺寸，并核对割件数量，工艺员检查切割工艺能否执行，将检查数据记录在表 2-4-4 中。

表 2-4-4　　　　　　　　　　　　　　　　划线质量检查记录表

检查项目	实测尺寸	技术要求	备注
零件尺寸（长）/mm			
零件尺寸（宽）/mm			超出尺寸要求的需重新划线
零件尺寸（对角线）/mm			
线宽 /mm			
零件数量 / 个			
切割工艺能否执行			

子活动 2　工件切割

工件切割是本次学习任务的关键环节，要求切割过程中严格遵守等离子弧切割安全操作规程和"6S"管理规定，准确调整切割工艺参数并保持工艺参数稳定。为了确保切割质量，正式切割前要进行试切割。切割完成后要进行割件清理及自检，及时清理场地火种，避免发生火灾，清点设备和工具并进行维护及保养，领取的设备、工具及剩余材料应及时退库，自检合格的割件按规范放置。

一、等离子弧切割安全检查

等离子弧切割过程中会产生高温飞溅，还会产生有害气体和烟尘，操作不当就会引起火灾和爆炸，造成人员烫伤和中毒，因此，在切割前要做好安全检查和防护，确保安全生产。

1. 班组长检查小组成员安全防护用品的穿戴情况，填写安全防护用品检查表（表 2-4-5），符合安全要求的在该项目内打"√"，反之打"×"。

表 2-4-5　　　　　　　　　　　安全防护用品检查表

姓名	焊接防护服	电焊手套	焊工防护鞋	护目镜	防尘口罩	工作帽	备注

2．安全员按切割场地安全要求进行安全检查，填写切割场地安全检查表（表 2-4-6），符合安全要求的在该项目内打"√"，不符合要求的写明处理措施。

表 2-4-6　　　　　　　　　　　切割场地安全检查表

检查项目	检查情况记录	备注
场地周围无易燃、易爆物品		
现场配备灭火器材		

3．安全员按安全检查要求对等离子弧切割设备进行安全检查，填写切割设备安全检查表（表 2-4-7），符合安全要求的在该项目内打"√"，不符合要求的写明处理措施。

表 2-4-7　　　　　　　　　　　切割设备安全检查表

检查项目	检查情况记录	备注
电源线无漏电情况		
设备电源接头牢固		
设备外壳正确接地		
设备电源开关灵活可靠		
调节旋钮正确可靠		
现场设备、工具和材料摆放符合"6S"管理规定		

二、实施切割

1．根据等离子弧切割工艺卡，将切割工艺参数填入表 2-4-8 中。

表 2-4-8　　　　　　　　　　　　　　等离子弧切割工艺参数

空载电压 /V	切割电流 /A	切割电压 /V	空气压力 /MPa	切割速度 /（cm/min）

2．切割过程

（1）先找一块与割件厚度相同的不锈钢板，按表 2-4-8 等离子弧切割工艺参数中的数据，调节好切割工艺参数并进行试切割，然后检查切割质量，将检查情况记录在表 2-4-9 中，未达到质量要求的项目写明处理措施。

表 2-4-9　　　　　　　　　　　　　　割件质量检查记录表

检查项目	质量要求	实际检查情况	处理措施
切割面	表面应光滑、干净且粗细一致		
挂渣	挂渣少且容易脱落		
割缝	缝隙较窄，而且宽窄一致		
割件棱角	不大于 0.5 mm 的边缘缺棱		
断面垂直度	不大于 0.2 mm		
断面平面度	不大于 0.2 mm		

（2）试切割件质量合格后，选择好＿＿＿＿＿＿＿位置（或穿孔位置）和切割＿＿＿＿＿＿＿＿＿＿＿，切割过程中要始终保持切割工艺参数＿＿＿＿＿＿＿＿＿＿。

（3）切割时不要一次完成多个工件，最好先完成一个工件，对第一个工件进行＿＿＿＿＿＿＿测量和切割质量检查，如果＿＿＿＿＿＿＿不合格，要重新划线或调整工艺参数。如果第一件工件的质量合格，就按照现有划线、工艺参数和工艺步骤完成所有工件的切割。

三、割件清理与自检

1．割件清理

待割件冷却后，选择合适的清理方法及工具，并记录在表 2-4-10 中。

表 2-4-10　　　　　　　　　　　　　　割件清理方法记录表

清理对象	清理方法	清理工具	备注
容易清理的挂渣			
较难清理的挂渣			

2．割件自检

（1）对清理完成的割件进行自检并填写割件自检记录表，见表 2-4-11。

表 2-4-11　　　　　　　　　　　　　　　　割件自检记录表

技术要求		实际测量数据						
割件编号								
项目	尺寸偏差							
长度	≤ ±0.5 mm							
宽度	≤ ±0.5 mm							
垂直度	≤ 0.2 mm							
平面度	≤ 0.2 mm							

（2）记录表 2-4-11 中尺寸不合格割件的数量，分析产生原因，提出解决措施，并填写割件质量分析记录表，见表 2-4-12。

表 2-4-12　　　　　　　　　　　　　　　　割件质量分析记录表

不合格项目	不合格件数	造成不合格的原因	解决措施	处理结果
长度、宽度				
坡口角度				
垂直度				
平面度				

3．工作收尾

工作结束后，将领取的设备进行复原和维护，清点工具，剩余材料进行标识移植并退库，清理并检查工作场地。记录设备维护项目及维护方法，记录材料标识移植方法。

子活动3　学习活动评价

一、学习成果展示

1. 各小组可以通过照片、视频、课件等形式，展示本组在本学习活动中的学习成果，讲述本组的优势，其他小组对展示进行评价并记录。

优势记录：

评价情况记录：

2. 小组长汇报学习过程中出现质量问题的原因及解决措施，教师进行点评，并记录在表2-4-13中。

表2-4-13　　　　　　　　　　　　　质量分析记录表

质量问题	产生原因	解决措施	处理结果

二、填写学习活动评价表

根据学生在学习过程中的表现，按学习活动评价表（表2-4-14）中的评价项目和评价标准进行评价。

表 2-4-14　　　　　　　　　　　　学习活动评价表

学习活动：＿＿＿＿＿＿＿＿＿　　小组：＿＿＿＿＿＿＿＿＿　　学生姓名：＿＿＿＿＿＿＿＿＿

序号	评价项目		评价标准	配分	评分			得分小计
					自我评价 20%	小组评价 30%	教师评价 50%	
1	职业素质	课堂出勤	上课有迟到、早退、旷课情况的酌情扣 1 ~ 5 分	5				
		课堂纪律	不服从指导教师管理或不遵守实训现场规章制度的酌情扣 1 ~ 7 分	7				
		学习表现	上课不能认真听讲，不积极主动参与小组讨论的酌情扣 1 ~ 7 分	7				
		作业完成	不按要求完成工作页、课外作业的酌情扣 1 ~ 8 分	8				
		团队协作	不能按小组分工进行团结协作，影响小组学习进度的酌情扣 1 ~ 5 分	5				
		资料查阅	不能按要求查阅资料完成相关知识学习，不能完成课后思考问题的酌情扣 1 ~ 5 分	5				
		安全意识	没有安全意识，不遵守安全操作规程，造成伤害事故的酌情扣 1 ~ 8 分	8				
2	专业技能	领取并核对设备、工具和材料	不能正确填写领料单，领取并核对设备、工具和材料的酌情扣 1 ~ 7 分	7				
		表面清理	不能正确使用设备进行表面清理或清理达不到要求的酌情扣 1 ~ 5 分	5				
		放样、划线	不能正确放样、划线的酌情扣 1 ~ 8 分	8				
		安全确认	不能或没有对场地、设备进行安全确认的酌情扣 1 ~ 5 分	5				
		实施切割	不能按工艺卡要求进行切割的酌情扣 1 ~ 10 分	10				
		割后清理	不能正确使用工具进行割后清理的酌情扣 1 ~ 5 分	5				
		自检	不能或没有进行自检的酌情扣 1 ~ 5 分	5				
		工作收尾	不能按要求进行工作收尾的酌情扣 1 ~ 5 分	5				
3	创新	工作思路、方法有创新	工作思路、方法无创新的酌情扣 1 ~ 5 分	5				
合计				100				

学习活动 5　质量检验

学习目标

　　1. 能明确等离子弧切割质量检验标准。

　　2. 能正确使用检验工具，运用正确方法检验割件质量并进行记录。

　　3. 能与相关人员进行有效沟通，获取解决问题的方法和措施，解决工作过程中的常见问题。

　　4. 能积极主动展示工作成果，对工作过程中出现的问题进行反思和总结，优化加工方案和策略，具备知识迁移能力。

学习活动描述

　　自检合格的割件要进行专检才能确定是否合格，专检要由专职质检员进行检验。专职质检员要熟知质量标准，能够正确使用专用检验工具，选择合适的检验方法对割件进行质量检验，才能准确判断割件质量是否合格。

子活动与建议学时

子活动 1　切割质量检验（1.5 学时）
子活动 2　学习活动评价（0.5 学时）

学习准备

资料：教材、学习工作页、图样和课件等。

工具：钢直尺、钢卷尺、石笔、游标卡尺、直角尺、塞尺等。

材料：不锈钢割件等。

安全防护用品：焊接防护服、电焊手套、护目镜、防尘口罩、焊工防护鞋、工作帽等。

子活动 1　切割质量检验

质量检验是生产任务中决定产品质量和企业信誉的关键，要求质检员必须严格执行产品质量标准，使用合适的工具和方法，准确检验产品参数，防止不合格产品进入下一生产环节或市场，造成事故或经济损失。

一、等离子弧切割质量检验标准

根据生产任务单和图样技术要求，确定本次切割质量检验项目及标准，完成表 2-5-1 的填写。

表 2-5-1　　　　　　　　　　　　　　割件质量检验项目及标准

检验项目	检验标准

二、质量检验

1. 经过小组讨论，确定各检验项目所使用的质量检验方法及工具，并记录在表 2-5-2 中。

表 2-5-2　　　　　　　　　　　质量检验方法及工具

检验项目	检验方法	检验工具

2．按表 2-5-2 中的检验方法进行割件质量检验，将检验结果记录在表 2-5-3 中（超差数值用红色笔记录）。

表 2-5-3　　　　　　　　　　　　　　质量检验结果记录表

检验项目	检验结果										
	A	B	B	B	B	B	B	C	E	G	G

3．计算本组割件质量检验合格率。

子活动 2　学习活动评价

一、学习成果展示

1．各小组由质检员汇报本组割件质量检验情况，简述本组获得质量合格割件的有效控制措施。

2．各小组交流在质量检验时采用哪些方法可以使检验过程快捷高效。

二、填写学习活动评价表

根据学生在学习过程中的表现，按学习活动评价表（表2-5-4）中的评价项目和评价标准进行评价。

表2-5-4　　　　　　　　　　　　　学习活动评价表

学习活动：_____　　　小组：_____　　　学生姓名：_____

序号	评价项目		评价标准	配分	评分			得分小计
					自我评价 20%	小组评价 30%	教师评价 50%	
1	职业素质	课堂出勤	上课有迟到、早退、旷课情况的酌情扣1～7分	7				
		课堂纪律	不服从指导教师管理或不遵守实训现场规章制度的酌情扣1～8分	8				
		学习表现	上课不能认真听讲，不积极主动参与小组讨论的酌情扣1～7分	7				
		作业完成	不按要求完成工作页、课外作业的酌情扣1～8分	8				
		团队协作	不能按小组分工进行团结协作，影响小组学习进度的酌情扣1～5分	5				
		资料查阅	不能按要求查阅资料并完成相关知识学习，不能完成课后思考问题的酌情扣1～5分	5				
		安全意识	不遵守"6S"管理规定及安全操作规程的酌情扣1～10分	10				
2	专业技能	质量标准	不能根据工艺文件制定质量检验标准的酌情扣1～10分	10				
		质量检验	不能正确使用检验工具进行质量检验的酌情扣1～20分	20				
		合格率	合格率每降低10%扣2分，扣完为止	10				
3	创新	工作思路、方法有创新	工作思路、方法无创新的酌情扣1～10分	10				
	合计			100				

学习活动 6 总结与评价

 **学习目标**

> 1. 能正确撰写本学习任务的工作总结。
>
> 2. 能与相关人员进行有效沟通，获取解决问题的方法和措施，解决工作过程中的常见问题。
>
> 3. 能积极主动展示工作成果，对工作过程中出现的问题进行反思和总结，优化加工方案和策略，具备知识迁移能力。

 学习活动描述

总结本次学习任务中哪些方面做得较好，取得了很好的学习效果，哪些方面还存在问题，对小组学习造成阻碍，找到解决方法。在以后的学习任务中尽可能发挥优势，克服困难，使小组学习进入良性循环。

 子活动与建议学时

子活动 1　工作总结（1 学时）
子活动 2　学习任务评价（1 学时）

 学习准备

资料：教材、学习工作页等。
设备：多媒体、打印机等。

子活动 1　工　作　总　结

一、个人工作总结

1. 撰写不锈钢等离子弧切割学习任务工作总结（要求 500 字左右）。

2. 小组讨论，按下列评分标准对各小组成员的工作总结打分，每组选出前 2 名参加班级评选。班级评选出前 3 名同学的工作总结进行展示。

评分标准：格式正确（2分）；字迹清晰、工整（2分）；实事求是，不弄虚作假（4分）；条理清楚（2分）。

二、小组工作总结

由小组长撰写不锈钢等离子弧切割学习任务的小组工作总结。

子活动 2　学习任务评价

本次评价是对整个学习任务进行综合评价，要全面考虑各小组及成员在每个学习活动中的学习成果及表现，因此评价时要做到客观、公正。

一、评价方法

本学习任务的评价方法采用过程性考核与阶段性考核相结合的方式。

二、评价项目

过程性考核采用自我评价、小组评价和教师评价相结合的方式进行考核，让学生学会自我评价，教师要善于观察学生的学习过程，结合学生的自我评价、小组评价进行综合评价并提出改进建议。

阶段性考核主要侧重于学生课堂学习的表现、作业完成情况、考核方式 3 个方面。课堂考核包括出勤、学习态度、课堂纪律、小组合作与展示等情况。作业考核包括工作页的完成情况、课后作业和课前预习等情况。考核方式包括理论测试、实操测试和表述测试。

三、学习任务综合评价

在教师指导下，本着实事求是的态度，将个人的过程性考核和阶段性考核成绩填入表 2-6-1 中，交给教师进行审核。

表 2-6-1　　　　　　　　　　　　学习任务综合评价表

序号	学习活动名称	考核性质	考核得分	考核占比 /%	学习活动得分	学习活动在综合评价中占比 /%	学习活动综合评价得分
1	明确工作任务	过程性考核		80		10	
		阶段性考核		20			
2	技能准备	过程性考核		40		20	
		阶段性考核		60			
3	制订计划	过程性考核		60		15	
		阶段性考核		40			
4	任务实施	过程性考核		50		35	
		阶段性考核		50			
5	质量检验	过程性考核		50		10	
		阶段性考核		50			
6	总结与评价	过程性考核		50		10	
		阶段性考核		50			
学习任务综合评价得分							

学习任务三　铝合金激光切割

学习目标

1. 能按要求选择、穿戴并维护安全防护用品。

2. 能读懂生产任务单、图样和切割工艺文件，明确工作任务、技术要求和质量标准。

3. 能按要求领取原材料，核对材料的牌号、规格及数量。

4. 能按工艺文件要求完成材料表面清理、编程、标识等工作，使材料达到切割要求。

5. 能按要求选择切割设备、切割气体和工具等，能检查并确保设备、工具、作业场地和周围环境符合安全要求。

6. 能按工艺文件要求调节切割工艺参数，规范使用设备、切割气体和工具，完成切割、清理和标识移植等工作。

7. 能对已完成的工作进行记录、分析和反馈，整理成工作笔记或总结。

8. 能对设备和工具等进行日常维护及保养。

9. 能积极主动展示工作成果，对工作过程中出现的问题进行反思和总结，优化加工方案和策略，具备知识迁移能力。

建议学时

20 学时。

工作情境描述

某企业接到一批铝合金零件切割任务，零件外形尺寸复杂且精度要求高，需要用激光切割方法完成，要求焊工班组按照工艺文件要求完成切割任务，工时为 4 h。

工作流程与活动

学习活动 1　明确工作任务（4 学时）

学习活动 2　技能准备（6 学时）

学习活动 3　制订计划（2 学时）

学习活动 4　任务实施（4 学时）

学习活动 5　质量检验（2 学时）

学习活动 6　总结与评价（2 学时）

学习活动1　明确工作任务

 **学习目标**

> 1. 能读懂生产任务单。
>
> 2. 能正确识读图样，明确图样中的尺寸和技术要求。
>
> 3. 能根据激光切割作业指导书，明确激光切割的工作流程。
>
> 4. 能对已完成的工作进行记录、分析和反馈，整理成工作笔记或总结。

 学习活动描述

　　组长从教师处领取激光切割技术文件，在教师指导下，由班组长组织小组成员完成工艺文件的识读和分析，获取本次工作任务的内容、技术要求和工艺方法，并学习相关基础知识。

 子活动与建议学时

子活动1　识读工艺文件（3学时）

子活动2　学习活动评价（1学时）

 学习准备

　　资料：教材、学习工作页、图样、生产任务单、激光切割工艺卡和课件等。

子活动 1　识读工艺文件

一、识读生产任务单（表 3-1-1）

表 3-1-1　　　　　　　　　　　　　生产任务单

需方单位名称		产品编号		需方联系人	
产品名称	材料	数量		技术标准、质量要求	
铝合金 组合件	5052 铝板 6061 铝管	20 套	1. 按图样技术要求 2. 按质量技术文件要求 3. 按国家标准《一般公差　未注公差的线性和角度尺寸的公差》（GB/T 1804—2000）进行检验		
技术说明	1. 采用激光切割 2. 切割尺寸符合焊接装配要求				
交货时间	年　月　日	交货地点			
通知任务时间	年　月　日	通知人姓名			
生产批准时间	年　月　日	批准人			
接单时间	年　月　日	接单人姓名		生产班组	

1. 阅读生产任务单，结合工作情境描述，简述本次学习任务的工作内容及要求。

2. 铝的主要特性

（1）铝的密度只有＿＿＿ g/cm^3，约为钢、铜密度的＿＿＿（钢、铜的密度分别为＿＿＿ g/cm^3 和＿＿＿ g/cm^3）。

（2）在大多数环境条件下，包括在空气和水（或盐水）等很多化学体系中，铝能显示优良的＿＿＿＿＿＿＿。

（3）铝的导电率优良，在质量相等的基础上，铝的导电率约等于铜的＿＿＿倍。

（4）铝合金的热导率是铜的＿＿＿＿＿＿。

（5）铝的可加工性是＿＿＿＿＿的。在各种变形铝合金和铸造铝合金以及在这些合金生产的各种状态下，加工特性的变化＿＿＿＿＿＿。

（6）铝具有＿＿＿＿＿的＿＿＿＿＿＿，再生铝的特性与原生铝几乎没有区别，而且回收费用低廉。

3．铝合金的分类

（1）查阅国家标准《变形铝及铝合金牌号表示方法》（GB/T 16474—2011），完成铝合金的分类，把相应的内容填写在图 3-1-1 的方框内。

非热处理强化铝合金（防锈铝）、硬铝、超硬铝、锻铝、变形铝合金、铸造铝合金、热处理强化铝合金、铝镁合金、铝锰合金。

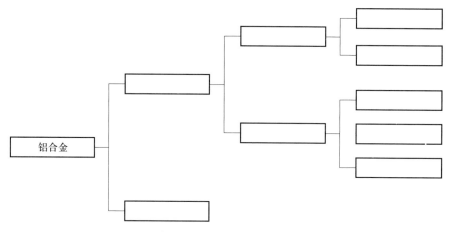

图 3-1-1　铝合金的分类

（2）查阅 GB/T 16474—2011，填写铝合金的特点及用途，见表 3-1-2。

表 3-1-2　　　　　　　　　　　　　　铝合金的特点及用途

序号	组别	牌号	特点	用途
1	纯铝	1 系：1050、1060、1070、1100 等		
2	铝锰合金	3 系：3003、3A21		
3	铝镁合金	5 系：5052、5083		
4	铝镁硅合金	6 系：6061、6063		

二、识读图样

识读图 3-1-2 所示的铝合金组合件零件明细图，完成下列问题。

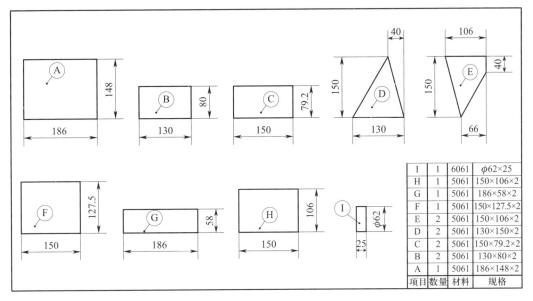

I	1	6061	$\phi62\times25$
H	1	5061	$150\times106\times2$
G	1	5061	$186\times58\times2$
F	1	5061	$150\times127.5\times2$
E	2	5061	$150\times106\times2$
D	2	5061	$130\times150\times2$
C	2	5061	$150\times79.2\times2$
B	2	5061	$130\times80\times2$
A	1	5061	$186\times148\times2$
项目	数量	材料	规格

图 3-1-2　铝合金组合件零件明细图

1．如图 3-1-2 所示，每套组合件中共有铝合金板＿＿＿块，铝合金管＿＿＿段，其中零件 A＿＿＿块，零件 B＿＿＿块，零件 C＿＿＿块，零件 D＿＿＿块，零件 E＿＿＿块，零件 F＿＿＿块，零件 G＿＿＿块，零件 H＿＿＿块。

2．如图 3-1-2 所示，各铝合金板的材料均为＿＿＿＿＿，板的厚度为＿＿＿mm，该铝合金板的化学成分中含镁量为＿＿＿＿＿＿，又称＿＿＿＿＿＿＿。铝管的材料为＿＿＿＿＿，该铝合金管中主要合金元素为＿＿＿和＿＿＿，具有中等＿＿＿＿＿、良好的＿＿＿＿＿性和可＿＿＿＿＿性，氧化效果较好。

三、识读激光切割作业指导书

完成表 3-1-3 激光切割作业指导书的填写并回答问题。

表 3-1-3　　　　　　　　　　　　激光切割作业指导书

激光切割作业指导书				表单编号	
				版本号	
项目编号		指导书文件编号		设备型号	
编制日期		审核日期		批准日期	
版本		修订日期		修订人	

本文件适用范围：工件（厚度 ≤ 2 mm）

续表

| | | 1．施工前准备 |

（1）按规定穿戴好安全防护用品

（2）检查设备周围有无不安全因素

（3）检查设备是否运转正常，包括风路、水路、电路、光路

1）检查冷凝机、空气压缩机工作情况，确保工作正常；检查切割气体、电供应情况，确保供应稳定、充足；数控系统和机械运行系统试运行，确保运行正常。设备如有问题应及时处理，若操作人员无法自行处理需停机报修的，应及时上报

2）检查激光器聚焦镜的清洁度，如有污点或灰尘要及时清理（清洁反射镜片时不得过于用力；否则会导致光路偏移。反射镜须拆下清洁，各反射镜片的保养遵循"有污染就及时清洁"的原则，必须使用专用镜片清洁剂）

（4）开机运转，确定设备无异常时才可开始工作

2．工艺流程

电子版激光下料图→备料→校核图样→割前准备→切割→首件自检→零件清理→检查→入库

3．具体操作步骤

（1）	图样准备	获取电子版下料图
（2）	备料	根据计划和材料种类进行排样，合计用量并去原材料库领料，办理材料出库手续，每次更换材料必须清理干净，避免各种材料交叉污染
（3）	校核	编程前，由操作者校核图样
（4）	编程	根据技术组提供的激光下料图，编制激光下料程序。图中有刻线要求的，要进行刻线。注意版本号，及时更新为最新版 1）编程 ①运行编程软件，进入人机对话窗口 ②通过菜单中的系统设置好电动机参数、运动参数和激光参数，通过信息栏设置好机器的状态，使软件上的参数与机器设置保持一致 ③制作图形或读入图形文件 ④针对所切割的零件要求，设置合适的切割参数 ⑤根据工件大小设定切割范围，载入零件图，按零件工艺卡编程 ⑥设置切割起弧点的位置 a．如果工件留有机加工余量，则从起弧点转入工件边缘时，起弧点可以留在机加工余量区域，但须确保该起弧点在机加工时可以完全去除 b．如果工件不需要进行机加工，没有机加工余量，则从起弧点转入工件边缘时，起弧点须保证留在工件的外缘，具体切入点如下：如图 3-1-3 所示，工件为直线边缘时，由角度顶点切入；如图 3-1-4 所示，工件为圆弧边缘时，由圆弧切点切入 切入点　图 3-1-3　直线边缘　　切点　切入点　图 3-1-4　圆弧边缘 2）传输程序。将图形排版转换成 CNC 程序，根据材质、工件厚度确定激光功率、辅助气体种类、辅助气体流量、辅助气体压力和切割速度。切割过程中如发现问题，应及时调整加工参数。用网线连接计算机与激光切割数控系统，将编好的程序传输至数控系统

3．具体操作步骤

（5）	放料	操作人员必须佩戴手套，轻拿轻放，以防板上有油污、划痕、损伤等缺陷，将工件放置在工作台上。起吊过程中注意安全，填写领料单并做好记录

（6）切割

准备工作就绪后，开始切割，随时监护设备运转状态，及时处理异常情况

1）每次重新开机都必须先回机床原点

2）工件放好后对准切割范围，X 向和 Y 向的直线度误差不得超过 5 mm（必要时参考排版图的切割范围，使切割的工件保持在允许范围内）

3）根据材料的规格、加工要求等调节焦点位置和光束与光轴同心。调整切割头与工件距离在 1 mm 左右，设定好后切割头有感应功能，基本上能保持 1 mm 的距离，但切割过程中工件会发生变形，为了防止碰伤切割头，下料人员要密切关注切割动态，及时调整

4）按照工件的工艺要求、品质要求微调切割速度和切割机功率等切割参数

5）在运行过程中，操作人员要经常检查切割头和镜头，确保运行状态正常

材质	板厚／mm	焦点／mm	切割速度／（mm/min）	切割功率／W	切割气体（1=空气，2=氧气，3=氮气）	切割气压／（0.01 bar）	喷嘴高度／mm	激光切割模式（0=连续，1=门脉冲）
铝板	1	-4.5	3 000	1 900	3	17	1	0
	2	-5.5	2 200	1 900	3	17	1.2	0

注：根据现场情况可适当调整，首件必须自检，自检标准为 ISO 2768—mk，断面质量要求为 12.5 mm，尺寸公差为 ±0.3 mm

6）切割每种产品的首件时要进行检查，下料人员切割完成后量具按图样要求测量相应尺寸，检查外观情况

7）圆弧检查以合格的样板为主，量具为辅。工件检查合格后，继续切割下一个工件，每个品种都做完首件检查后开始批量下料

8）取首件工件时要保证整体钢板不出现明显位移，做好防护措施

（7）	卸料	切割下料完成后，将工作台开出 将工件从工作台取下后放到激光切割下料区域，工作人员必须佩戴手套，轻拿轻放，以防板上有油污、划痕、损伤等缺陷 将余料吊运至废料区，若余料可以二次利用，需在板上用黑色记号笔写上材质、规格，并吊运至二次利用钢板存放区，吊运过程中注意安全
（8）	去毛刺	根据不同的防护要求及产品的表面质量要求去除毛刺 使用锉刀或打磨机对切割面及毛刺进行清理，当产品图样或工艺有明确规定时，按要求执行；当产品图样或工艺无明确规定时，应满足下列要求： 1）打磨时避免伤及工件表面，表面不能有明显擦伤 2）切割面无挂渣、毛刺及其他缺陷 3）切割面与工件表面不能有明显倾角
（9）	标识	下料后，将工件按种类摆放整齐，做上标识，并附上跟踪卡，填写材料批次、编号等记录，相似件要认真核对尺寸，不要混淆

续表

4．注意事项
（1）材料如有以下情况不得进行操作：
1）超长（3 000 mm 以上），超宽（1 500 mm 以上）
2）材料平行度误差大于 40 mm
3）易燃、易爆、有毒材料
4）程序不合理导致碰撞切割头
5）原材料质量极差，操作员无法解决，且原因不明
6）操作员认为切割易出现问题
（2）确保各项加工参数正确，设备的移动部分不与工艺装备、工件和余料发生碰撞
（3）随时监护设备运行状态，如有异常，应立即停机检查
（4）材料表面氧化皮太厚，必须处理后再进行切割，如无法处理，必须更换材料
（5）整板切割时，如切割完毕的工件翘起，必须停机处理后再进行切割
（6）工作前应先检查并确认所切割材料的原程序和子程序正确，才可开始工作
（7）不得疲劳操作

5．工作收尾
（1）关闭设备电源总开关，切断动能供给
（2）工具要在固定地点存放，摆放整齐且牢固可靠
（3）清理工作场地，确认设备周围无不安全因素

6．设备日常维护
（1）下班前必须清扫设备周围，擦拭设备
（2）每天必须检查各气路的气压表是否正常
（3）检查水路是否正常
（4）检查风路是否正常
（5）检查光路是否正常
（6）检查电压、电流是否正常
（7）检查水温是否正常
（8）检查空气压缩机是否正常运转
（9）每月必须做一次整体维护

分析激光切割作业指导书，简述激光切割的工艺流程及其主要内容。

子活动 2　学习活动评价

一、学习成果展示

1．各小组推荐一名学生汇报本组所获取的关于学习任务的信息，其他各组进行查漏补缺并记录（每组汇报 5 min）。

2．通过讨论交流，总结本次学习活动中存在的不足。

二、填写学习活动评价表

根据学生在学习过程中的表现，按学习活动评价表（表 3-1-4）的评价项目和评价标准进行评价。

表 3-1-4　　　　　　　　　　　　　学习活动评价表

学习活动：＿＿＿＿＿＿＿＿＿　　　　小组：＿＿＿＿＿＿＿＿＿　　　　学生姓名：＿＿＿＿＿＿＿＿＿

序号	评价项目		评价标准	配分	评分			
					自我评价 20%	小组评价 30%	教师评价 50%	得分小计
1	职业素质	课堂出勤	上课有迟到、早退、旷课情况的酌情扣 1～5 分	5				
		课堂纪律	有课堂违纪行为或不遵守实训现场规章制度的酌情扣 1～7 分	7				
		学习表现	上课不能认真听讲，不积极主动参与小组讨论的酌情扣 1～7 分	7				
		作业完成	不按要求完成工作页、课外作业的酌情扣 1～8 分	8				
		团队协作	不能按小组分工进行团结协作，影响小组学习进度的酌情扣 1～5 分	5				
		资料查阅	不能按要求查阅资料完成相关知识学习，不能完成课后思考问题的酌情扣 1～5 分	5				
		安全意识	没有安全意识，不遵守安全操作规程，造成伤害事故的酌情扣 1～8 分	8				

序号	评价项目		评价标准	配分	评分			得分小计
					自我评价 20%	小组评价 30%	教师评价 50%	
2	专业技能	识读生产任务单	不能正确识读生产任务单获取生产任务信息的酌情扣 1 ~ 10 分	10				
		识读工艺卡	不能正确识读工艺卡获取相关切割信息的酌情扣 1 ~ 20 分	20				
		识读图样	不能正确识读图样获取图样信息和技术要求的酌情扣 1 ~ 20 分	20				
3	创新	工作思路、方法有创新	工作思路、方法无创新的酌情扣 1 ~ 5 分	5				
合计				100				

学习活动2 技 能 准 备

学习目标

1. 能简述激光切割的原理、特点及分类。

2. 能认知激光切割设备，明确其使用要求。

3. 能明确激光切割工艺参数的选择依据。

4. 能根据激光切割作业指导书，明确操作过程中应注意的问题。

5. 能积极主动展示工作成果，对工作过程中出现的问题进行反思和总结，优化加工方案和策略，具备知识迁移能力。

学习活动描述

为了能按照工艺文件要求完成铝合金激光切割工作，要熟知激光切割的原理及特点；认知激光切割设备及工具；熟知激光切割安全操作规程；能熟练操作及维护切割设备；熟练进行激光切割机编程；正确选择激光切割工艺参数；正确选择和佩戴安全防护用品，保证激光切割任务安全、高质、高效地完成。

子活动与建议学时

子活动1　激光切割认知（1学时）

子活动2　铝板切割技能训练（3学时）

子活动3　铝管切割技能训练（1.5学时）

子活动4　学习活动评价（0.5学时）

学习准备

资料：教材、学习工作页、激光切割工艺文件、激光切割安全操作规程和课件等。

工具：活扳手、旋具、钢丝钳、钢直尺、游标卡尺、直角尺等。

材料：铝合金板（5052）若干、铝合金管（6061）若干、CO_2气体、氮气等。

设备：多媒体、激光切割机等。

安全防护用品：激光防护服、焊工防护鞋、电焊手套、护目镜、工作帽等。

子活动1　激光切割认知

金属的切割方法有机械切割、火焰切割、等离子弧切割、碳弧气刨和激光切割等。激光切割是一种高效、精密的切割方法，能切割所有金属和非金属。随着工业技术的发展，激光切割在工业生产中得到了广泛的应用。

一、激光切割的原理、特点和分类

1．观看激光切割视频，结合图3-2-1所示激光切割原理图，简述激光切割的原理。

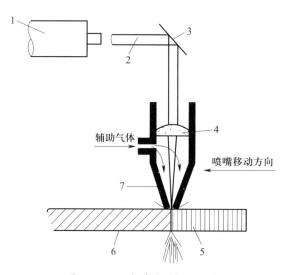

图3-2-1　激光切割原理图

1—激光器　2—激光束　3—反光镜　4—透镜　5—切割面　6—被切割材料　7—喷嘴

2．激光切割的特点

（1）激光切割质量好

激光切割的切口＿＿＿，可以节省被切割材料。切割一般低碳钢时，切口宽度可以小到 0.1～0.2 mm，切割加工表面粗糙度值低，有时经激光切割后，不必再进行机械加工即可直接使用。被激光切割材料的热影响区只有＿＿＿＿＿＿＿ mm，切口变形＿＿＿＿＿＿，而且材料的性能也几乎不受影响，切割尺寸精度可达＿＿＿＿＿ mm。

（2）激光切割效率高

激光切割速度＿＿＿，切割厚度为 2 mm 的低碳钢板时，用 1 200 W 的激光切割机，切割速度可达 6 m/min。进行激光切割时，被切割的零件用夹具固定，可＿＿工位操作，一台激光器可供＿＿＿＿工作台切割使用。

（3）激光切割是无接触切割

与其他机械切割相比，激光切割在切割过程中没有工具的＿＿＿＿＿，不用更换"＿＿＿＿＿"，只需改变激光器的输出参数，可实现自动化、＿＿＿速度切割，激光切割噪声相对较＿＿＿，污染＿＿＿。

（4）可切割多种材料

激光切割可以切割＿＿＿＿＿＿，也可以切割＿＿＿＿＿＿、＿＿＿＿＿＿、＿＿＿＿＿＿＿＿等非金属材料，是一种多用途的切割方式。

3．激光切割的分类

（1）熔化切割

与激光深熔焊相似，被切割金属在激光的加热下开始熔化，然后通过与激光束同轴的喷嘴喷出惰性保护气体，如氩气、氦气等，借助喷射气体的吹力，将熔化的金属排出被切割材料表面，形成切口。

激光切割主要用于一些不易氧化的材料或活性金属的切割，如＿＿＿＿＿＿＿、＿＿＿＿＿＿＿＿、＿＿＿＿＿＿＿的切割。

（2）氧气切割

类似氧乙炔焰切割，只是用激光作为预热热源，用＿＿＿＿＿＿等活性气体作为切割气体，在切割过程中喷出的气体，一方面与切割金属作用，发生氧化反应并放出大量的＿＿＿＿＿＿＿，又加热了下一层金属，使金属继续＿＿＿＿＿；另一方面把熔融的＿＿＿＿＿＿＿和＿＿＿＿＿＿从切割区吹出，形成切口。

适用于能＿＿＿＿＿＿的材料，如＿＿＿＿＿＿＿＿等金属材料的切割。

（3）汽化切割

＿＿＿＿＿＿＿＿＿的激光照射到被切割材料＿＿＿＿＿时，被切割材料在＿＿＿＿＿＿的时间内达到＿＿＿＿＿＿，开始迅速＿＿＿＿＿，以蒸气形态高速喷出，同时在被切割材料上形成切口，由于被切割材料汽化热很大，汽化切割时，需要很大的＿＿＿＿＿和＿＿＿＿＿＿＿＿。

激光汽化切割多用于＿＿＿＿＿＿＿＿＿的切割，也适用于＿＿＿＿＿＿＿＿，以及纸、布、木材、塑料、橡胶等的切割。

（4）激光划片与控制断裂

适用于＿＿＿＿＿＿材料的切割和加工。

二、激光切割机的主要组成及作用

查阅资料，学习激光切割机的组成及作用，完成表 3-2-1 的填写。

表 3-2-1 　　　　　　　　　　　　　　激光切割机的组成及作用

序号	名称	组成及作用
1	床身	全部光路安装在机床的床身上，床身上装有＿＿＿＿＿、＿＿＿＿＿＿＿＿＿＿＿和＿＿＿＿＿＿＿＿＿＿，通过特殊的设计，消除在加工期间由于轴的加速带来的振动。机床底部分成几个排气室，当切割头位于某个排气室上部时，阀门打开，废气被排出。通过支架隔离，小工件和料渣落在废物箱内
2	工作台	移动式切割工作台与主机分离，柔性大，加装切管等功能。配有两张 1.5 m×4 m 的工作台可供交换使用，当一张工作台在进行＿＿＿＿＿＿＿＿＿的同时，另一张工作台可以同时进行＿＿＿＿＿＿＿＿＿，有效地提高工作效率，两张工作台可通过＿＿＿＿＿或＿＿＿＿＿自动交换。工作台下方配有小车收集装置，切下的料渣及金属粉末会集中收集在小车中
3	切割头	切割头是光路的最后器件，其内置的透镜将激光光束聚焦，标准切割头焦距有＿＿＿in 和＿＿＿in（主要用于切割厚板）两种。良好的切割质量与喷嘴和工件的间距有关，切割头使用非接触式电容传感头时，在切割过程中可实现自动跟踪及修正工件表面与喷嘴的间距，调整激光焦距与工件的相对位置，以消除因被切割工件的不平整对切割材料造成的影响
4	控制系统	（1）导光聚焦系统 　根据被加工工件的性能要求，光束经＿＿＿＿＿、＿＿＿＿＿、＿＿＿＿＿＿后作用于＿＿＿＿＿＿＿＿＿，这种从激光器输出窗口到被加工工件之间的装置称为导光聚焦系统 （2）激光加工系统 　主要包括＿＿＿＿＿、能够在三维坐标范围内移动的＿＿＿＿＿＿＿＿＿和＿＿＿＿＿＿＿＿＿＿＿＿等。随着电子技术的发展，许多激光加工系统已采用计算机来控制工作台的移动，实现激光加工的连续工作
5	激光控制柜	具有＿＿＿＿＿和＿＿＿＿＿激光器的功能，并显示系统的＿＿＿＿＿、＿＿＿＿＿、放电电流和激光器的运行模式
6	激光器	按工作物质的种类不同可分为＿＿＿＿＿＿＿＿＿＿、＿＿＿＿＿＿＿＿＿＿、＿＿＿＿＿＿＿＿＿＿＿＿和＿＿＿＿＿＿四大类。在激光加工中要求输出功率与能量大，目前多采用二氧化碳气体激光器及红宝石、钕玻璃、钇铝石榴石（yttrium aluminum gamet，YAG）等固体激光器 　激光气体是由＿＿＿＿＿＿＿＿、＿＿＿＿＿、＿＿＿＿＿＿组成的混合气体，通过涡轮机使气体沿谐振腔轴向高速运动，气体在前后两个热交换器中冷却，以利于高压单元将能量传给气体
7	冷却设备	包括＿＿＿＿＿＿＿＿＿、＿＿＿＿＿＿＿＿＿和＿＿＿＿＿＿＿＿＿
8	除尘装置	内置管道和风机，改善了工作环境。切割区域内装有大通径除尘＿＿＿＿＿＿＿＿＿及大全压的离心式＿＿＿＿＿＿＿＿＿＿＿，加上全封闭的机床床身和分段除尘装置，具有较好的除尘效果
9	供气系统	包括＿＿＿＿＿、＿＿＿＿＿＿＿＿＿和＿＿＿＿＿＿。气源含＿＿＿＿＿和＿＿＿＿＿＿＿＿＿

三、激光切割主要工艺参数

1．如图 3-2-2 所示为激光光斑模式。采用_____模式的光斑可以获得最小的光束直径，在切割加工中可以获得最小的_____和更快的_____。_____激光束质量差，一般用于_____。

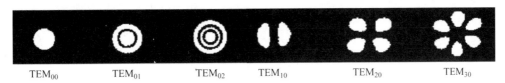

图 3-2-2　激光光斑模式

2．焦点位置

（1）学习不同焦点位置的适用范围，完成表 3-2-2 的填写。

表 3-2-2　　　　　　　　　　　　　不同焦点位置的适用范围

焦点位置	示意图	适用范围
零焦距焦点（在工件表面）	喷嘴　　切幅	适用于厚度为____mm 以下的薄碳钢板等。切断面如下： 焦点在工件上表面，因此_____，下表面则_____
负焦距焦点（在工件表面下）	喷嘴　　切幅	适用于_____、_____等工件。切断面如下： 焦点在中央偏下部，因此平滑面范围较大，切幅比零焦距的切幅宽，切割气体流量较大，穿孔时间比零焦距的长
正焦距焦点（在工件表面上）	喷嘴　　切幅	适用于切割____钢板（一般使用氧气）。切割厚钢板时，切割用氧气的氧化作用必须从上面到底面。因为厚板要求切幅较宽，这样设定可得到较宽的切幅。切割面和氧乙炔焰切断类似，基本上是用氧气吹断，因此切断面较_____

131

（2）查阅资料，明确焦点位置对切断面的影响，根据表 3-2-3 所列焦点与切割面的距离对割缝质量的影响，判断焦点与切割面的距离。

表 3-2-3　　　　　　　　　　　　　　焦点与切割面的距离对割缝质量的影响

表面_____mm 上	表面_____mm 上	表面_____mm 上

（3）焦点的确定方法和步骤如下：

1）取下_____，_____轴下降，距工件表面_____mm。

2）执行寻找焦点子程序 1991，速率倍率设为 100%。

3）移动 Y 轴到划痕最细处。

4）计算焦点位置（Z_f）。焦点位置的计算公式为 $Z_f=Z+Y×0.5$，其中，Z 为当前 Z 轴坐标，Y 为当前 Y 轴坐标。

5）装上_____，将焦点微调至刻度 5。

6）_____切换到_____。

7）调节焦点，使____轴坐标达到 Z_f 值，锁紧切割头，此时_____位于工件表面。

3．喷嘴

（1）根据图 3-2-3 和图 3-2-4 所示的两种情况，简述喷嘴的作用。

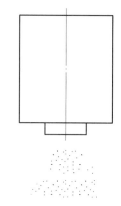

图 3-2-3　无喷嘴时的情况

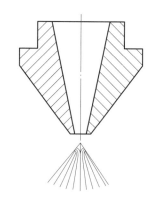

图 3-2-4　有喷嘴时的情况

（2）喷嘴与切割质量的关系

喷嘴孔中心与激光束的同轴度是影响切割质量的重要因素之一，工件越厚，影响越大。当喷嘴发生变形或有熔渣时，将直接影响同轴度。

如果喷嘴孔中心与激光束不同轴，将对切割质量产生下列几方面的影响。

1）对切割断面的影响。图 3-2-5 所示为同轴度对切割断面的影响。

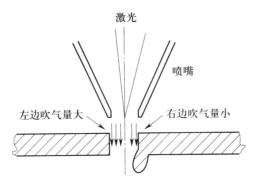

图 3-2-5　同轴度对切割断面的影响

当辅助气体从喷嘴喷出时，气量_____，出现一边有_____，另一边没有_____的现象。切割厚度为 3 mm 以下的薄板时，它的影响_____；切割厚度为 3 mm 以上的板时影响_____，有时无法切透。

2）对尖角的影响。工件有尖角或角度较小时，容易产生_____现象，厚板可能_____。

3）对穿孔的影响。穿孔不稳定，时间不易控制，对厚板会造成_____现象，且穿透条件不易掌握。对薄板影响_____。

（3）喷嘴孔中心与激光束同轴度的调整

喷嘴孔中心与激光束同轴度的调整步骤如下：

1）如图 3-2-6 所示，在喷嘴的出口端面涂抹_____（一般以红色为好），将不干胶带贴在喷嘴出口端面上。

2）用 10 ~ 20 W 的功率_____打孔。

3）取_____，注意保持其_____，以便与喷嘴相对照。正常情况下，不干胶带上会留下一个黑点，如图 3-2-7 所示，是被激光烧损的。如果喷嘴孔中心偏离激光束中心过大，将无法看到这个黑点（激光束射到了喷嘴壁上）。因此，要通过调节镜腔手柄上的_____来改变喷嘴中心，使其与激光束中心相对应。重复上述动作，直到激光在不干胶带上打出的孔与喷嘴孔的中心重合，这样才确认激光束与喷嘴中心重合。黑点位置分布如图 3-2-8 所示。

4）如果打出的中心点时大时小，应注意条件_____，聚焦镜是否_____。

5）注意观察_____偏离喷嘴中心的_____，调整_____位置。

（4）查阅资料，学习喷嘴孔径大小对切割质量的影响，完成表 3-2-4 和表 3-2-5 的填写。

不干胶带
图 3-2-6　同轴度检测

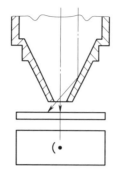
(•)
图 3-2-7　黑点位置

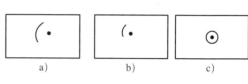
a)　　　　b)　　　　c)
图 3-2-8　黑点位置分布

表 3-2-4　　　　　　　　　　　　　　喷嘴孔径大小的比较

喷嘴孔径	气体流速（量）	熔融物去除能力
小		
大		

表 3-2-5　　　　　　　　　　　　喷嘴孔径大小对切割质量的影响

序号	喷嘴孔径 /mm	薄板（厚度为 3 mm 以下）	厚板（厚度为 3 mm 以上）切割功率较高，散热时间较长，切割时间也较长
1	1		
2	1.5		

（5）喷嘴高度的调整

喷嘴高度就是_____与_____之间的距离，如图 3-2-9 所示，此高度设定范围为_____mm，切割时一般会设定为_____mm，喷嘴高度过低会导致喷嘴碰撞到_____；喷嘴高度过高会降低辅助气体的_____，造成切割质量下降。打孔时，喷嘴高度要比切割高度_____，设定为_____mm，这样能有效防止打孔时所产生的飞溅物污染_____。

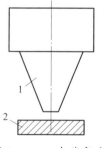
1
2
图 3-2-9　喷嘴高度
1—喷嘴　2—工件

4．切割速度

切割速度直接影响切口_____和切口_____。在不同材料的板厚和不同的切割气体压力下，切割速度有一个最佳值，这个最佳值约为最大切割速度的_____。

（1）如图 3-2-10 所示，如果切割速度过快，可能造成哪些后果？

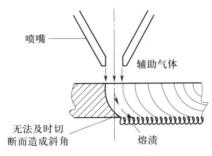

图 3-2-10　切割速度过快

（2）如果切割速度过慢，可能造成哪些后果？

（3）根据表 3-2-6 中切割速度对切割质量的影响图示，确定切割速度，完成表格填写。

表 3-2-6　　　　　　　　　　　切割速度对切割质量的影响

序号	图示	现象	速度判断
1			
2			
3			

5．切割辅助气体

（1）简述辅助气体的作用。

（2）查阅资料，将常用切割辅助气体的种类、特点及适用范围填入表 3-2-7 中。

表 3-2-7　　　　　　　　　常用切割辅助气体的种类、特点及适用范围

序号	切割辅助气体	特点	适用范围	备注
1	空气			
2	氮气			
3	氧气			
4	氩气			

（3）简述激光切割对辅助气体纯度的要求。

（4）根据表 3-2-8 中的切割面图示，分析气体压力对切割质量的影响，完成表格填写。

表 3-2-8　　　　　　　　　　　气体压力对切割质量的影响

序号	图示	现象	气体压力	备注
1				
2				

（5）气体压力对穿孔质量的影响

1）气体压力过低时，不易_____，时间_____。

2）气体压力过高时，会造成_____，形成大的_____。

6. 根据表 3-2-9 中的切割面图示，判断激光功率对切割过程和质量的影响，完成表格填写。

表 3-2-9　　　　　　　　　　　激光功率对切割过程和质量的影响

序号	图示	现象及影响	序号	图示	现象及影响
1			3	辅助气体	
2			4		

子活动 2 铝板切割技能训练

一、激光切割准备

1. 激光切割设备、工具和夹具的安全检查

（1）激光器使用前要做哪些安全检查？

（2）导光系统的安全检查。检查_____、_____、_____，确保能正常使用。

（3）主机安全检查步骤

1）检查总电源，检查_____和_____是否满足机床的电气要求。

2）启动水冷机。检查_____、_____是否正常。

3）打开压缩空气，检查是否正常。

4）打开氮气阀门，检查气瓶高压、低压是否正常，如果高压低于_____MPa，要更换气瓶。

5）控制系统通电，机床回零点，使机器进入待命状态。回零时要先使 Z 轴回零，并注意切割头的位置，以免在回零时碰坏。

（4）工具的安全检查

1）根据表 3-2-10 中图示，写出激光切割常用工具的名称。

表 3-2-10   激光切割常用工具

序号	名称	图示	序号	名称	图示
1			2		

续表

序号	名称	图示	序号	名称	图示
3			6		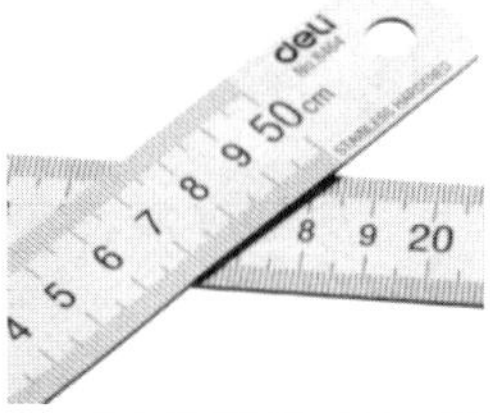
4		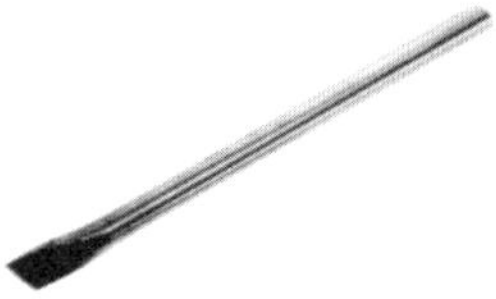	7		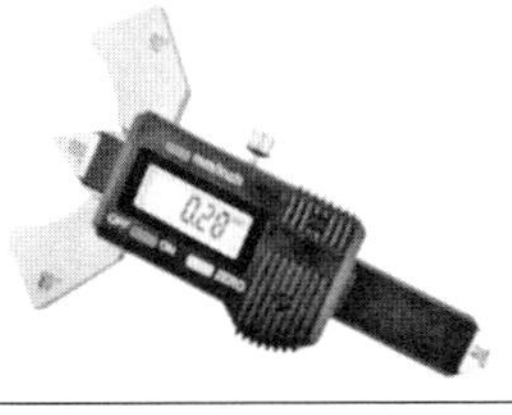
5		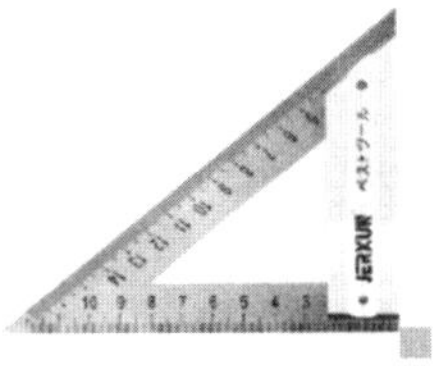	8		

2）根据表 3-2-11 中图示，写出各安全防护用品的名称。

表 3-2-11　　　　　　　　　　安全防护用品

序号	名称	图示	序号	名称	图示
1		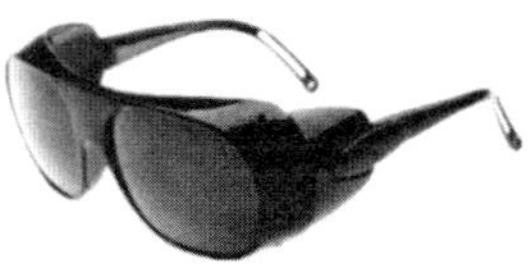	4		
2			5		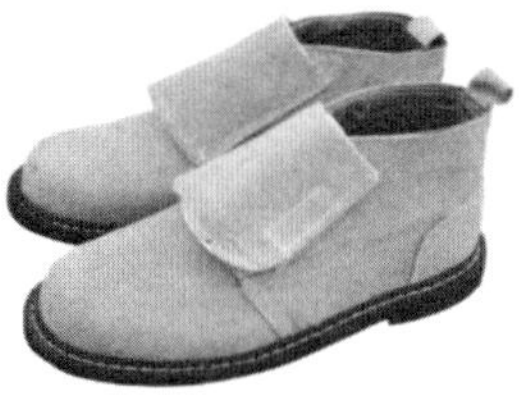
3			6		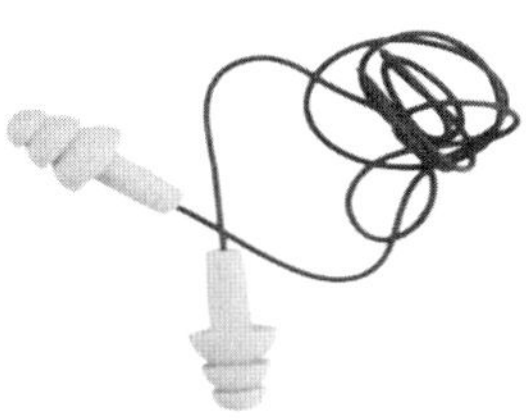

（5）对于带有螺钉的夹具，要检查其上的螺钉是否_____，若已锈蚀应及时除锈，并进行_____，否则会在使用中失去作用。

2．材料准备

（1）切割材料准备

高纯度氮气 2 瓶，冷却水若干。

（2）板材准备

5052 铝板的规格为 3 000 mm×1 500 mm×2 mm，切割前应确认板厚及材料是否正确，按图 3-2-11 所示铝合金切割图样的要求，切取上半部分。

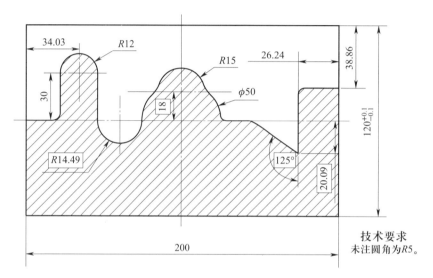

图 3-2-11　铝合金切割图样

3．切割参数的确认和调节。将 5052 铝板激光切割工艺参数填入表 3-2-12 中。

表 3-2-12　　　　　　　　　　　　　　5052 铝板激光切割工艺参数

板厚 / mm	焦点 / mm	切割速度 / （mm/min）	切割功率 / W	切割气体	切割气压 / （0.01 bar）	喷嘴高度 / mm	喷嘴直径 / mm	切割激光模式

4．查阅资料，简述激光切割周边环境安全检查的内容。

二、激光切割技能训练

1. 软件界面认知

（1）根据图 3-2-12 所示软件界面，将表 3-2-13 所列的软件界面功能补充完整。

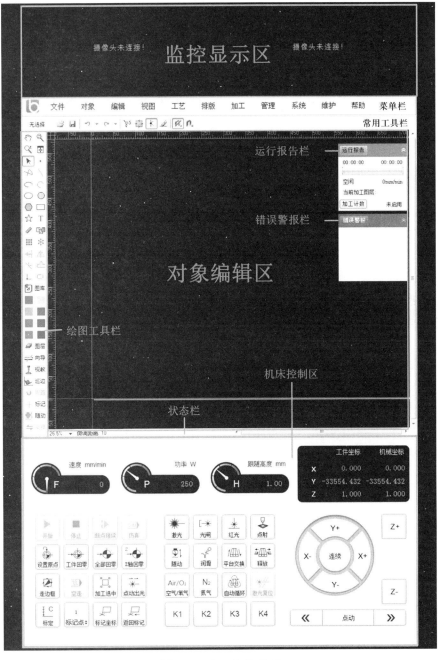

图 3-2-12　软件界面

表 3-2-13　　　　　　　　　　　　　　　　软件界面功能

序号	各界面名称	功能
1	监控显示区	连接摄像头后此区域将显示_____
2	菜单栏	显示_____
3	常用工具栏	在未选中对象状态下，显示常用_____；在选中对象状态下，显示_____ _____
4	绘图工具栏	包括视图变换区，_____（点、直线、圆等），_____（阵列、测量距离等），_____（图层、寻边、一键设置等）
5	对象编辑区	对应工作台_____，加工时加工对象须在该范围内
6	运行报告栏	显示运行加工对象的_____时间和____时间，系统_____状态以及_____和_____
7	错误警报栏	显示警报提示信息，包括_____、_____和_____
8	状态栏	显示当前_____信息等，如提示绘制图形操作的步骤及意义、当前操作是否成功、微调距离等
9	机床控制区	包括_____显示区、_____区、_____区 3 个区域

（2）机床控制区的功能操作

1）图 3-2-13 所示为加工数据显示区，该区域依次显示当前_____轴的进给速度，当前的_____、_____以及_____和_____。

图 3-2-13　加工数据显示区

2）图 3-2-14 所示为加工控制按钮区，左侧为_____按钮，右侧为_____按钮及_____按钮。

图 3-2-14　加工控制按钮区

在图 3-2-15 所示的运动控制按钮区方框内填写各按钮区的作用。

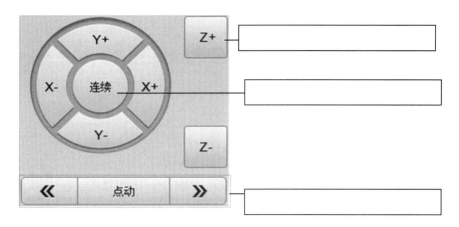

图 3-2-15　运动控制按钮区

2．操作流程

（1）设置机床参数

1）机床坐标系为符合右手法则的笛卡儿坐标系，如图 3-2-16 所示。−Z 轴＿＿＿＿＿＿＿＿＿的方向为正方向（+Z）。−X 轴＿＿＿＿＿的方向为正方向（+X）。根据右手法则确定各轴的正方向后，在手动模式下，用户可通过操作面板对机床进行手动移动，检查＿＿＿＿＿＿＿是否正确。

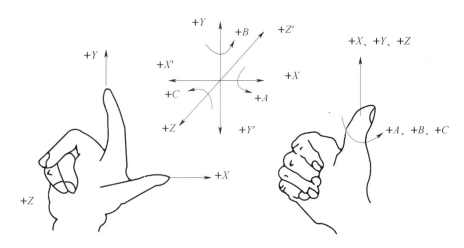

图 3-2-16　笛卡儿坐标系

2）设置工作台行程。确定各轴的＿＿＿＿＿＿＿和＿＿＿＿＿＿＿后，根据机床实际尺寸在设备参数中设定工作台的＿＿＿＿＿＿＿、＿＿＿＿＿＿＿，并检查工作台的＿＿＿＿＿＿＿是否有效，使软件中的＿＿＿＿＿＿有效。

3）设置脉冲当量。脉冲当量（p）是指数控系统发出一个脉冲时，丝杆移动的＿＿＿＿＿＿或旋转轴转动的＿＿＿＿＿，也是数控系统所能控制的＿＿＿＿＿＿。脉冲当量越小，机床加工精度和工件表面质量＿＿＿＿＿；脉冲当量越大，机床＿＿＿＿＿＿＿越大。因此，在进给速度满足要求的情况下，建议设定_____的脉冲当量。

（2）回机械原点

根据两轴零点传感器的安装位置，设置回机械原点的参数。当设置正确后，选择【_____】→【_____】对应的子菜单，打开软件时系统默认弹出对话框，提示回机械原点操作，如图 3-2-17 所示，勾选【_____】即可在每次打开软件后自动弹出，否则需手动打开"回机械原点"对话框。

图 3-2-17 "回机械原点"对话框

1）全部轴回及单轴回（X 轴回、Y 轴回、Z 轴回）。选择全部轴回或单轴回时，系统将弹出对话框提示是否确认回机械原点。确认回机械原点成功后，相应的轴前面出现机械原点标志 ◉。

2）直接设定。在保证当前位置的机械坐标与机床实际的机械坐标一致时，例如，机床未关闭过，未发生紧急停止等异常情况，可单击【_____】按钮，设置当前机械坐标为准确的机械坐标。当完成该操作后，机床控制栏上的轴前面也将出现回机械原点标志 ◉。回机械原点后才可使用软限位启用、回固定点等功能。

（3）导入文件和绘制图形

1）学习加载文件和绘制图形的操作步骤，完成表 3-2-14 的填写。

表 3-2-14　　　　　　　　　　　　　　加载文件和绘制图形的操作步骤

加载文件	1. 选择【＿＿＿＿】菜单下的【＿＿＿＿】、【＿＿＿＿＿＿】、【＿＿＿＿＿＿】，从本地加载刀路文件 2. 直接将要导入的文件拖拽至＿＿＿＿＿＿＿＿上或绘图区内
绘制图形	1. 单击＿＿＿＿＿＿＿＿上对应的图标进行绘制 2. 在图库中选择＿＿＿＿＿＿＿，对该图形设置相关参数后添加到加工文件中

注：1. 导入文件后，执行保存时系统将该文件另存为".nce"格式，文件名为导入刀路的名称，并放置在桌面的"NceFiles"文件夹内，若无此文件夹，系统将自行创建。

2. 在绘制多义线时，可单击鼠标右键选择多义线类型为直线段或相切弧。绘图结束后，单击鼠标右键，选择绘图结束类型（包括确定、取消、闭合）。

3. 绘制文字图形时，在文字框中输入文字。若需换行，按 Ctrl+Enter 组合键；按 Enter 键完成文字绘制。

2）学习选择图形操作要点，完成表 3-2-15 的填写。

表 3-2-15　　　　　　　　　　　　　　　　选择图形操作要点

选择不封闭图形	选择【＿＿＿＿】菜单下的【＿＿＿＿＿＿＿】子菜单项，则系统会将刀路文件内所有不封闭的图形选中
选择小图形	选择【＿＿＿＿】菜单下的【＿＿＿＿＿＿＿】子菜单项，弹出"选择小图形"对话框，输入所需选择图形的 X、Y 尺寸范围，单击【确定】按钮后，系统将设置选中图形
按图层选择	选择【＿＿＿＿】菜单下的【＿＿＿＿＿＿＿】子菜单项，按照子菜单项下的选项提示选择对应的图层，则该图层内的图形将被选中。若该刀路文件在某一图层上并不存在图形，则该图层不显示
按类型选择	选择【＿＿＿＿】菜单下的【＿＿＿＿＿＿＿】子菜单项，按照子菜单项下的选项提示选择相应的类型，则该刀路文件内的同一类型图形将被选中
按嵌套关系选择	里层图形：被包含的图形 外层图形：不被包含的图形 选择【＿＿＿＿】菜单下的【＿＿＿＿＿＿＿】子菜单项，按照子菜单项下的选项提示选择相应的嵌套关系，则对应的图形将被选中
选择相似图形	相似图形：类型、尺寸相同，位置、旋转角度可不同 首先选中一个图形，再选择【＿＿＿＿】菜单下的【＿＿＿＿＿＿＿】子菜单项，则该刀路文件内与最先选中的图形相似的所有图形将被选中

3）学习平移、旋转、缩放、对齐的操作步骤，完成表 3-2-16 的填写。

表 3-2-16　　　　　　　　　　平移、旋转、缩放、对齐的操作步骤

平移	选中对象后，选择【_____】→【_____】，或者直接用鼠标点选对象后，按住鼠标左键不放，拖动平移对象，也可通过键盘的上、下、左、右键进行微调
旋转	旋转不会影响图形的形状，只是改变图形的位置和方向。旋转功能有以下 3 种方式： 选择【_____】→【_____】，进入旋转模式，然后用鼠标左键点选的第一个点即为旋转中心，点选的第二个点和第一点的连线与 X 轴正向的夹角作为旋转的角度 选中图形后，按住_____键，点选对象四角上的小矩形进入旋转功能。此方式下默认旋转中心为外接矩形的中心，也可自行拖动以改变旋转中心的位置 选中图形，单击工具栏上的【_____】或者【____】直接输入旋转角度后按下 Enter 键即可
缩放	系统支持自动缩放和交互式缩放，且均为等比例缩放，具体操作如下： 选中图形后，在工具栏上的【_____】输入框内输入缩放倍数，按下 Enter 键即可 选中图形后，选择【_____】→【_____】，光标变为 ▦，在绘图区指定缩放中心后，移动光标调整缩放比，完成后单击鼠标_____即可
对齐	系统提供 9 种对齐方式，包括左边对齐、右边对齐、顶边对齐、底边对齐、中心点对齐、水平中线对齐、垂直中线对齐、水平分散对齐和垂直分散对齐

4）镜像操作方法。镜像操作有垂直镜像和水平镜像两种，垂直镜像即将图形按照垂直中心线镜像翻转，水平镜像即将图形按照水平中心线镜像翻转。单击绘图工具栏的水平镜像按钮 ◁ 或垂直镜像按钮 ⚠ 即可完成操作。

5）阵列操作方法。选中图形后，直接单击绘图工具栏上的_____按钮，弹出"矩形阵列"对话框，如图 3-2-18 所示。正确设置_____后，单击【_____】按钮，阵列完成后，生成的新加工程序会自动加载到数控系统中。当用户勾选【_____】选项后，在行间距、列间距为 0 时，对图形做共边处理。

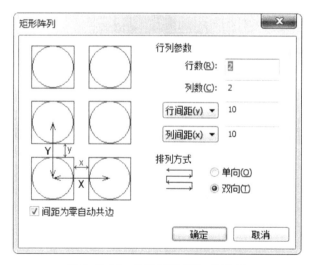

图 3-2-18　"矩形阵列"对话框

6）组合／解散操作方法。以组合为例，选中对象，选择【＿＿＿＿】→【＿＿＿＿／＿＿＿】→【＿＿＿＿】，或者直接单击＿＿＿＿＿＿＿＿＿，调出快捷菜单并选择【＿＿＿＿】，或单击工具栏上的【＿＿＿＿】按钮，选中的对象将组合成一个群组。

7）合并操作方法。合并是把多个非闭合路径对象（直线、圆弧、椭圆弧和非闭合多义线）合并为单个路径对象，实现整体操作。使用合并功能前推荐打开＿＿＿＿＿＿＿＿＿功能。

选中对象，选择【＿＿＿＿】→【＿＿＿＿】，或者直接单击＿＿＿＿＿＿＿＿＿，调出快捷菜单后选择【＿＿＿＿】功能。

8）炸开操作方法。炸开图形可删除＿＿＿＿＿＿＿＿＿，达到＿＿＿＿＿＿＿＿的目的。对组合后的图形来说，炸开功能等同于＿＿＿＿＿＿＿＿功能；炸开文字与将文字转换为图形的效果＿＿＿＿。选中需炸开的对象，选择【＿＿＿＿】→【＿＿＿＿】。炸开功能多用于多义线，配合合并功能使用，修正图形绘制中的错误，保证加工质量。

9）打断操作方法。通过打断处理，将切割后的零件与周围材料相连。

选择【＿＿＿＿】→【＿＿＿＿】，弹出"打断"对话框，根据需要选择自动打断或手动打断。自动打断可同时对＿＿＿＿＿图形进行打断处理；手动打断一次只能选择＿＿＿＿＿图形进行处理，但打断位置可自行选择。执行打断会改变＿＿＿＿＿＿＿＿＿。

10）测量距离操作方法。该功能用于测量某个特定的距离。选择【＿＿＿＿】→【＿＿＿＿＿＿＿】，或者直接单击绘图工具栏上的【＿＿＿＿＿＿＿】按钮，或单击＿＿＿＿＿＿＿＿＿，调出快捷菜单后选择【＿＿＿＿＿＿＿】。

11）图形检测方法。导入或绘制好图形后，用户可选择图形检测功能，对刀路文件进行检查，以提示用户当前刀路是否有异常以及有什么异常。

选中需要检测的对象，选择【＿＿＿＿】→【＿＿＿＿＿＿＿】，弹出"图形检测"对话框，按需要勾选封闭检测、自交检测、相交检测、重叠检测，系统将对各对象进行相关检测。单击【确定】按钮后，弹出"图形检测结果"对话框。

12）图形预处理方法

①一键预处理。选择【＿＿＿＿】→【＿＿＿＿＿＿＿】→【＿＿＿＿＿＿＿＿＿】，弹出如图3-2-19所示的"一键预处理"对话框。选择预处理项并设定参数范围，即可对图形进行该项预处理。勾选对话框底部的【＿＿＿＿＿＿＿＿＿＿＿】，即可在导入文件时＿＿＿＿＿＿＿＿图形。

②曲线光滑。曲线光滑是指对曲线图形进行光滑处理，使处理后的图形更平滑，加工更顺畅。选中需进行光滑处理的图形，选择【＿＿＿＿】→【＿＿＿＿＿＿＿＿＿】→【＿＿＿＿＿＿＿＿】。曲线光滑功能仅支持对多段多义线进行处理。

③文字转换成图形。选中需转换的文字，选择【＿＿＿＿＿＿】→【＿＿＿＿＿＿＿＿＿＿＿＿＿】→【＿＿＿＿＿＿＿＿＿＿＿＿＿】，或单击鼠标右键调出快捷菜单，选择【＿＿＿＿＿＿＿＿＿＿＿＿＿＿】，操作完成后文字转换成多义线。

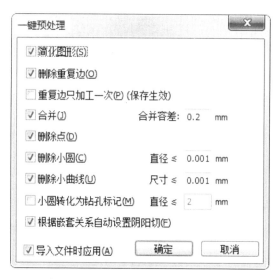

图 3-2-19 "一键预处理"对话框

（4）设置图层和工艺

1）图层设置

①通用参数设置。选中"图层设置"对话框中的【通用参数】选项卡，将切换到图层通用参数设置子界面，如图 3-2-20 所示，通用参数包括哪些？

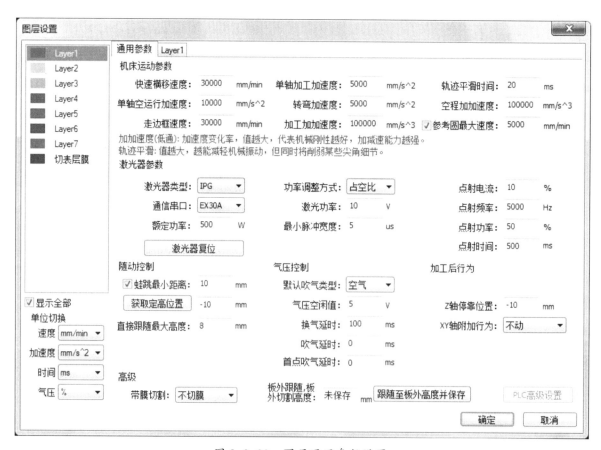

图 3-2-20 图层通用参数设置

②图层工艺设置。在图层工艺参数设置子界面下，可以对某一图层的工艺进行设置，包括保存/导入工艺、工艺参数、特殊工艺、功率曲线和用户备注的设置。

2）工艺设置

①设置引刀线。单击工具栏上的【_____】按钮或者选择【_____】→【_____】。

选中对象后，可直接单击绘图工具栏上的【_____】按钮，或选择【_____】→【_____】→【_____】，或单击鼠标右键调出快捷菜单中的【_____】→【_____】，弹出如图 3-2-21 所示的"设置引刀线"对话框。

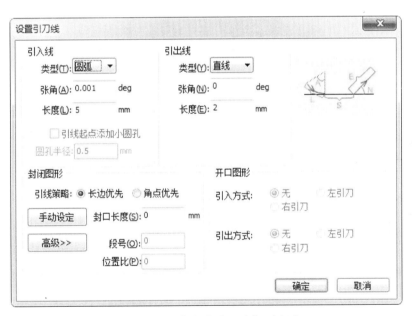

图 3-2-21　"设置引刀线"对话框

单击【手动设定】按钮后，光标变成 ，该按钮的功能等同于【_____】→【_____】子菜单，或单击鼠标右键，调出快捷菜单下的【_____】→【_____】子菜单项，可以手动确定引刀线的位置。

引刀线类型包括直线引刀线、圆弧引刀线和勾形引刀线。勾形引刀线是由圆弧和直线构成的，且只有引入线。直线引刀线、圆弧引刀线和勾形引刀线在使用上并无明显的界限，可以相互替换。引刀线类型的选取由切割工艺来决定。引刀线的引入是为了保证加工的精确性。

②设置加工顺序。查阅资料，将表 3-2-17 中加工顺序设置的内容补充完整。

表 3-2-17　　　　　　　　　　　　　　　　加工顺序设置

自动设置加工顺序	选中两个或多个对象，选择【＿＿＿＿】→【＿＿＿＿＿＿】→【＿＿＿＿＿＿＿＿＿＿＿＿＿＿】，或单击鼠标右键调出快捷菜单，选择【＿＿＿＿＿＿＿】→【＿＿＿＿＿＿＿＿＿＿＿＿】，在弹出的对话框中设置相关加工顺序参数即可
手动设置加工顺序	手动设置加工顺序包括手动设置加工顺序、指定单独工件加工顺序和加工顺序列表。均在【工艺】→【加工顺序】菜单下，这里不再赘述

单击工具栏上的【显示次序】按钮或选择【＿＿＿＿】→【＿＿＿＿＿＿】，可显示加工对象的加工顺序。

③设置加工方向。查阅资料，将表 3-2-18 中加工方向设置的内容补充完整。

表 3-2-18　　　　　　　　　　　　　　　　加工方向设置

改变加工方向	选中对象，选择【工艺】→【加工方向】→【＿＿＿＿＿＿＿＿＿＿＿】，或单击鼠标右键调出快捷菜单，选择【加工方向】→【＿＿＿＿＿＿＿＿＿＿】
设置加工方向	选中对象，选择【工艺】→【加工方向】→【＿＿＿＿＿＿＿＿＿＿＿】，或单击鼠标右键调出快捷菜单，选择【加工方向】→【＿＿＿＿＿＿＿＿＿＿】

单击工具栏上的【显示方向】按钮或选择【＿＿＿＿】→【＿＿＿＿＿＿＿】，可显示加工方向。

④设置割缝补偿。选中对象后，用户可直接单击绘图工具栏上的【设置割缝补偿】按钮，或选择【＿＿＿＿】→【设置割缝补偿】，或直接单击＿＿＿＿＿＿＿＿调出快捷菜单中的【设置割缝补偿】，弹出如图 3-2-22 所示的"设置割缝补偿"对话框。需先将文字转化为图形才能进行割缝补偿设置。

图 3-2-22　"设置割缝补偿"对话框

割缝补偿类型及功能见表 3-2-19。

表 3-2-19　　　　　　　　　　　　　　　　割缝补偿类型及功能

序号	补偿类型	功能
1	内缩	保留零件＿＿＿＿的补偿
2	外扩	保留零件＿＿＿＿的补偿
3	内缩外扩	根据嵌套关系决定对加工对象进行＿＿＿补偿或＿＿＿补偿
4	双向扩展	既保留零件＿＿＿＿又保留零件＿＿＿＿的补偿

⑤设置阴切／阳切。选择【＿＿＿＿】→【＿＿＿＿＿】可设置阴切／阳切。当设置方式为自动设置阴切／阳切时，管材切割默认为阴切。

⑥一键设置。选中对象后，选择【＿＿＿＿＿】→【一键设置】，或直接单击绘图工具栏上的【设置】按钮，或单击鼠标右键调出快捷菜单，选择【一键设置】，弹出如图3-2-23所示的"一键设置"对话框。

"一键设置"对话框中可同时对＿＿＿＿＿、＿＿＿＿＿＿、＿＿＿＿＿、＿＿＿、＿＿＿＿＿＿进行设置，单击【确定】按钮，即可一步完成几个功能的设置。

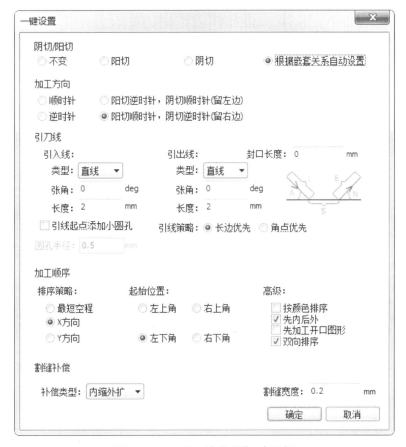

图3-2-23　"一键设置"对话框

（5）确定工件原点

工件坐标系的原点是＿＿＿＿＿＿＿＿。加工前，需先确定工件原点的实际位置，具体步骤如下。

1）手动按下机床控制区的X轴、Y轴按钮，移至设置为原点的位置。

2）选择【＿＿＿＿＿】→【设置工件原点】，或按下机床控制区的【＿＿＿＿＿＿＿】按钮，或直接按下＿＿＿＿键，可将当前点设置为工件原点。

系统还提供了将停靠点设置为工件原点的方法。选择【加工】→【设置工件原点】，弹出图3-2-24所示的"设置坐标原点"对话框，勾选【＿＿＿＿＿＿＿＿＿＿】后，每次加载新加工文件可直接使用机床操作区的【设置原点】按钮，不必先选择工件原点，软件已默认选择加工文件的特征点为工件原点。

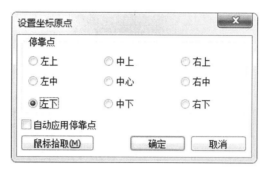

图 3-2-24　"设置坐标原点" 对话框

（6）学习仿真模拟操作步骤，完成表 3-2-20 的填写。

表 3-2-20　　　　　　　　　　　　仿真模拟操作步骤

功能按钮	操作步骤
走边框	按下【走边框】按钮，或选择【_____】→【_____】→【_____】，或直接按下____键，系统将沿着加工文件外接矩形框走一圈，确定加工范围
SIM 仿真	如果某个加工程序已经保存，并且当前系统状态为"_____"，按下【仿真】按钮，或选择【_____】→【_____】→【_____】，或者直接按下____键，机床将自动从加工程序第一段开始执行高速仿真。在仿真模式下，系统不驱动机床，而仅在对象编辑区域中高速显示加工路径
空走	按下【空走】按钮，或选择【_____】→【_____】→【_____】，系统将自动进入空运行。空运行时，运行加工程序与机床实际加工一样，只是端口未打开

（7）学习切割加工操作步骤，完成表 3-2-21 的填写。

表 3-2-21　　　　　　　　　　　　切割加工操作步骤

功能按钮	操作步骤
开始	按下【开始】按钮（如果未保存加工文件或存在紧急停止报警时，该按钮处于不可点击状态），或选择【_____】→【_____】→【开始】，或直接按下____键，系统将从加工文件首行命令自动加工
停止	按下【停止】按钮，或选择【_____】→【_____】→【停止】，或直接按下____键，机床将_____，然后终止整个加工任务，系统进入空闲状态
断点继续	按下【断点继续】按钮，或选择【_____】→【_____】→【_____】，或同时按下_____组合键，系统将自动从上次加工停止处继续加工

3．激光切割注意事项

（1）将"加工前是否必须回机械原点"选项选择为"是"，若当前无回机械原点标识，【开始】按钮灰显。

（2）本系统每隔 5 s 保存一次加工信息。若加工中在两次保存期间断电，重新接上电源后再使用断点继续功能，软件就回到最后一次保存的地方开始加工，在加工路径上会回退一段距离再继续加工。

（3）如果在加工过程中按下【停止】按钮或出现断电、紧急停止等情况，确定工件坐标准确时可执行断点继续。如果无法保证工件坐标的准确性，应先进行回机械原点操作，再执行断点继续。

三、激光切割常见质量问题及解决方法

查阅资料，分析激光切割常见质量问题的产生原因及解决方法，并完成表 3-2-22 的填写。

表 3-2-22　　　　　　　　　　激光切割常见质量问题的产生原因及解决方法

序号	质量问题	产生原因	解决方法
1	工件两边都产生长的、不规则的、难去除的细丝状毛刺		
2	工件两边都产生长的、不规则的、可手工去除的毛刺		
3	切口粗糙		
4	工件两边都产生细小且规则的，但难去除的毛刺		
5	在直线截面上产生等离子体		
6	光束分散		
7	拐角处产生等离子体		
8	光束在开始处发散		
9	材料从上面排出		

子活动 3　铝管切割技能训练

一、管材切割准备

1. 按表 3-2-23 中检查项目的内容及要求对激光切割设备、工具、夹具等进行安全检查并记录检查结果。

表 3-2-23　　　　　　　　　　　　　　　　安全检查表

序号	项目	内容及要求	检查结果
1	激光器	（1）检查激光器是否外观整洁，清扫干净 （2）检查激光器机械光闸的开关是否正常 （3）检查激光器气体使用情况 （4）检查激光器水路是否畅通 （5）检查激光器气体容量 （6）检查激光器真空泵的油位高度	
2	导光系统	检查反射镜片、圆偏振镜、聚焦镜片是否能正常使用	
3	主机	（1）检查总电源，检查电源和三相平衡度是否满足机床的电气要求 （2）启动水冷机，检查水温、水压是否正常 （3）打开压缩空气，检查是否正常 （4）打开氮气和氧气阀门，检查气瓶高压、低压是否正常，如果高压低于 0.6 MPa，则要更换气瓶 （5）控制系统通电，机床回零点，使机器进入待命状态。回零时要先使 Z 轴回零，并注意切割头的位置，以免在回零时碰坏	
4	工具及安全防护用品	（1）准备活扳手、钢丝刷、钢丝刷轮、钢直尺、直角尺、錾子、锤子、焊接检验尺等工具 （2）护目镜、防尘口罩、激光防护服、电焊手套、焊工防护鞋、防护耳塞	
5	夹具	对于有螺钉的夹具，要检查其上的螺钉是否转动灵活，若已锈蚀应及时除锈并进行润滑，否则在使用中会失去作用	

2. 材料准备

（1）激光切割材料准备

高纯度 CO_2 气体和氮气、普通纯度氮气各 1 瓶，纯净水若干。

（2）管材准备

6061 铝管直径为 62 mm，壁厚为 2 mm，长度为 1 000 mm。切割前应检查铝管尺寸是否符合要求，确认铝管材质是否正确。

3. 切割参数的确认和调节

将 6061 铝管激光切割参数填入表 3-2-24 中。

表 3-2-24　　6061 铝管激光切割参数

板厚 / mm	焦点 / mm	切割速度 / （mm/min）	切割功率 / W	切割气体	切割气压 / （0.01 bar）	喷嘴高度 / mm	喷嘴直径 / mm	切割激光模式

二、管材切割技能训练

1．软件界面认知

（1）根据图 3-2-25 所示的管材切割尺寸示意图，填写管材切割对象编辑区中各参数对应的实际加工管材的内容。

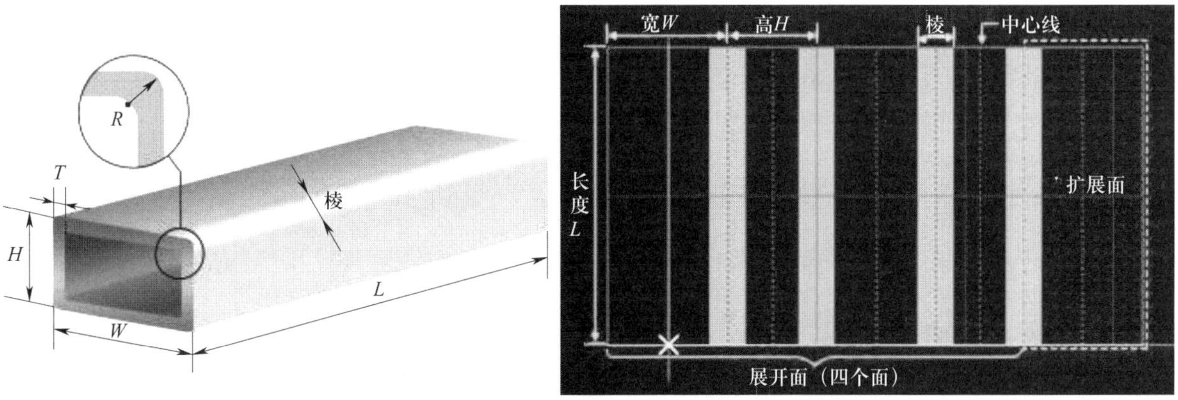

图 3-2-25　管材切割尺寸示意图

棱长由方管______和______的最大值决定。扩展面对应实际管材的第一面，便于绘制图形。每个展开面均有中心线，用鼠标拖动图形时，图形中心可自动吸附中心线。三维视图栏包括______________和____________。

（2）三维视图栏各按钮的功能如图 3-2-26 所示。

2．管材切割操作流程

（1）设置机床参数

需要设置的参数有_________、工作台______、____________和______________。

（2）设置管材尺寸

选择【______】→【____________】，打开“管材设置”对话框，可根据实际情况设置____________及相关______。

（3）校平和分中

校平是将管材调整至______的过程，分中是找到管材某个面_________的过程。因管材形状不同，为保证加工效果，在加工方管前须做______和______处理，而加工圆管前只需做______处理。

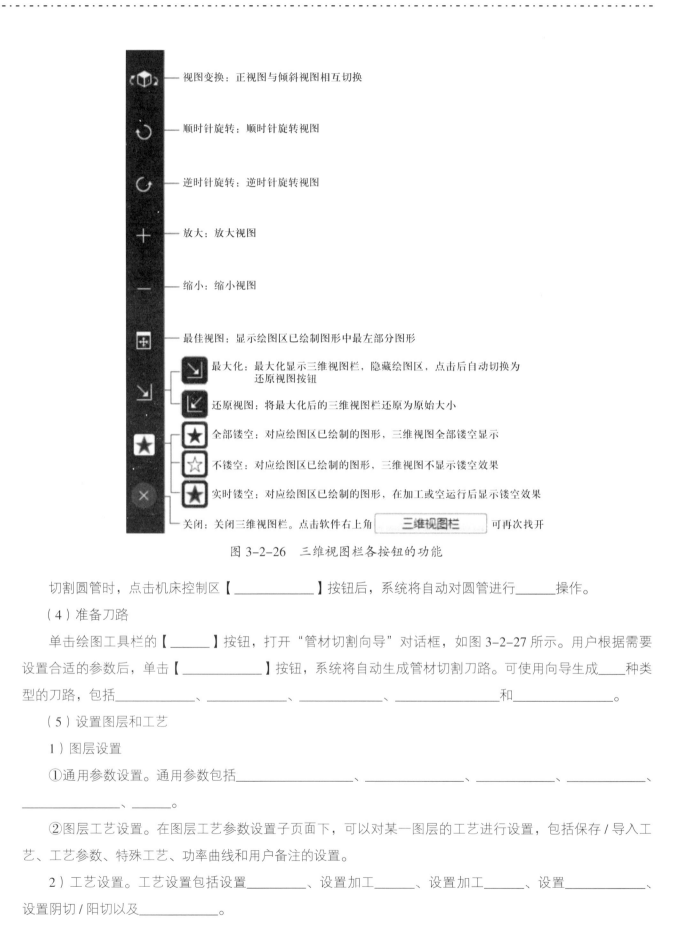

图 3-2-26　三维视图栏各按钮的功能

切割圆管时，点击机床控制区【＿＿＿＿＿＿】按钮后，系统将自动对圆管进行＿＿＿＿＿操作。

（4）准备刀路

单击绘图工具栏的【＿＿＿＿＿】按钮，打开"管材切割向导"对话框，如图 3-2-27 所示。用户根据需要设置合适的参数后，单击【＿＿＿＿＿＿＿】按钮，系统将自动生成管材切割刀路。可使用向导生成＿＿＿＿种类型的刀路，包括＿＿＿＿＿＿＿＿＿、＿＿＿＿＿＿＿＿＿、＿＿＿＿＿＿＿＿＿、＿＿＿＿＿＿＿＿＿＿＿和＿＿＿＿＿＿＿＿＿＿＿。

（5）设置图层和工艺

1）图层设置

①通用参数设置。通用参数包括＿＿＿＿＿＿＿＿＿＿＿＿、＿＿＿＿＿＿＿＿＿＿、＿＿＿＿＿＿＿＿＿＿、＿＿＿＿＿＿＿＿＿＿＿、＿＿＿＿＿。

②图层工艺设置。在图层工艺参数设置子页面下，可以对某一图层的工艺进行设置，包括保存 / 导入工艺、工艺参数、特殊工艺、功率曲线和用户备注的设置。

2）工艺设置。工艺设置包括设置＿＿＿＿＿＿＿＿、设置加工＿＿＿＿＿＿、设置加工＿＿＿＿＿＿、设置＿＿＿＿＿＿＿＿、设置阴切 / 阳切以及＿＿＿＿＿＿＿＿＿＿。

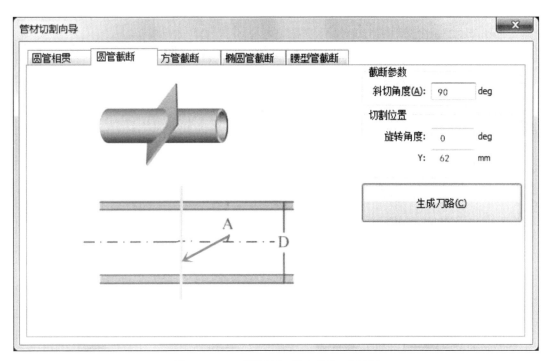

图 3-2-27　"管材切割向导" 对话框

（6）仿真模拟操作步骤和管材切割加工操作步骤与铝板类似，此处不再赘述。

子活动 4　学习活动评价

一、学习成果展示

各小组选出组内激光切割训练过程中评价较好的切割作品进行展示，讲述作品的质量优点和小组学习过程中的组织优点，其他小组进行记录。

二、填写学习活动评价表

根据学生在学习过程中的表现，按学习活动评价表（表 3-2-25）中的评价项目和评价标准进行评价。

表 3-2-25　　　　　　　　　　　　　　学习活动评价表

学习活动：＿＿＿＿＿＿＿＿＿　　　小组：＿＿＿＿＿＿＿＿＿　　　学生姓名：＿＿＿＿＿＿＿＿＿

序号	评价项目		评价标准	配分	评分			
					自我评价 20%	小组评价 30%	教师评价 50%	得分小计
1	职业素质	课堂出勤	上课有迟到、早退、旷课情况的酌情扣 1 ~ 5 分	5				
		课堂纪律	不服从指导教师管理或不遵守实训现场规章制度的酌情扣 1 ~ 7 分	7				
		学习表现	上课不能认真听讲，不积极主动参与小组讨论的酌情扣 1 ~ 7 分	7				
		作业完成	不按要求完成工作页、课外作业的酌情扣 1 ~ 8 分	8				
		团队协作	不能按小组分工进行团结协作，影响小组学习进度的酌情扣 1 ~ 5 分	5				
		资料查阅	不能按要求查阅资料完成相关知识学习，不能完成课后思考问题的酌情扣 1 ~ 5 分	5				
		安全意识	没有安全意识，不遵守安全操作规程，造成伤害事故的酌情扣 1 ~ 8 分	8				
2	专业技能	安全检查	不能用正确方法对设备、场地进行检查的酌情扣 1 ~ 8 分	8				
		工作页完成情况	不能按时完成工作页引导问题的酌情扣 1 ~ 10 分	10				
		切割训练	不能正确进行编程，切割质量达不到要求的酌情扣 1 ~ 14 分	14				
		切割质量	不能正确分析影响切割质量的原因并提出改进措施的酌情扣 1 ~ 10 分	10				
		"6S" 管理规定	训练过程中不遵守 "6S" 管理规定的酌情扣 1 ~ 8 分	8				
3	创新	工作思路、方法有创新	工作思路、方法无创新的酌情扣 1 ~ 5 分	5				
合计				100				

学习活动3 制订计划

学习目标

1. 能明确铝合金工件激光切割工艺流程。

2. 能通过有效沟通明确铝板切割的顺序、质量控制关键点、特殊要求和质量检验方法等，确定相应的预防和控制措施。

3. 能根据产品加工流程制订铝合金工件切割工作计划。

4. 审定并完成工作计划。

5. 能积极主动展示工作成果，对工作过程中出现的问题进行反思和总结，优化加工方案和策略，具备知识迁移能力。

学习活动描述

工作计划是依据铝合金工件切割特点对工作过程的梳理和整体安排。通过对工作计划的编写和审定，明确铝合金工件切割的各环节及其工艺过程。

子活动与建议学时

子活动1 工作计划编写（1学时）

子活动2 工作计划审定（0.5学时）

子活动3 学习活动评价（0.5学时）

学习准备

资料与材料：学习工作页、技术标准、技术文件和专业书籍等。

设备与工具：计算机等。

子活动 1　工作计划编写

铝合金工件从原材料到成品需要经过排版编程、设备准备、程序传输、上料至切割平台、切割、首件检查、批量生产、下料、检验等多个流程。为完成铝合金工件切割工作任务，工程技术人员需要对各环节做好规划和安排，才能保证生产工作安全、有序、高质、高效地完成。

一、激光切割工艺流程

1. 分析激光切割工艺流程，填写表 3-3-1 中各工艺流程的工作要求。

表 3-3-1　　　　　　　　　　　　　　　激光切割工艺流程

序号	工艺流程	工作要求	备注
1	排版编程		
2	设备准备		
3	程序传输		
4	上料至切割平台		

续表

序号	工艺流程	工作要求	备注
5	切割		
6	首件检查		
7	批量生产		
8	下料，去毛刺		
9	存放		

2．查阅资料，比较激光切割、等离子弧切割和火焰切割三者在工艺流程上的异同，并分析原因。

相同点：

不同点：

原因：

3．观看视频，填写表 3-3-2 中激光切割加工工序图示所对应的工序名称。

表 3-3-2　　　　　　　　激光切割加工工序

图示		
工序名称		
图示		
工序名称		

4．根据激光切割工艺卡，编写加工工艺流程。

5．查阅资料，写出激光切割的主要参数。

6．查阅资料，分析铝合金工件激光切割常见缺陷的产生原因，完成表 3-3-3 的填写。

表 3-3-3　　　　　　　　　　铝合金工件激光切割常见缺陷的产生原因

序号	常见缺陷	示意图	产生原因	实物图
1	切割边缘两边产生点滴状的细小、规则毛刺			
2	切割边缘一边产生长的、不规则毛刺			
3	切割边缘两边产生长的、不规则毛刺，板材表面变色			
4	材料从上面排出			
5	切割边缘发黄			

二、编写小组工作计划

根据铝板（管）激光切割工艺流程及具体工作内容，各组按表 3-3-4 铝板（管）激光切割工作计划的格式编写本组工作计划。

表 3-3-4 铝板（管）激光切割工作计划

组名：＿＿＿＿＿＿＿＿ 日期：＿＿＿年＿＿月＿＿日

序号	工作内容	工作要求	负责人	用时
1				
2				
3				
4				
5				
6				
7				

子活动 2　工作计划审定

工作计划审定是对初定计划的审核与确定，对初定计划进行讨论、分析，去除不合理、不正确的内容，优化各小组工作计划。

一、工作计划汇报

各组推荐一名学生汇报本组的工作计划，简述编写的依据。

二、工作计划修订

审定工作计划，分析各组工作计划中存在的问题，提出意见或建议，并填写在表 3-3-5 中。

表 3-3-5　　　　　　　　　　　　工作计划修订记录表

组名：＿＿＿＿＿＿＿＿＿　　　　　　　　　　　　日期：＿＿＿＿年＿＿＿月＿＿＿日

序号	存在问题	修订意见
1		
2		
3		
4		
5		
6		
7		
8		
9		
10		
11		
12		

三、最终工作计划

根据各组审定意见和教师点评，对工作计划进行修订，将修改后的工作计划填入表 3-3-6 中。

表 3-3-6   铝板（管）激光切割工作计划

组名：＿＿＿＿＿＿＿＿＿＿＿   日期：＿＿＿＿年＿＿＿月＿＿＿日

序号	工作内容	工作要求	负责人	用时
1				
2				
3				
4				
5				
6				
7				
8				
9				
10				

小组长签名：   教师签名：

子活动 3　学习活动评价

根据学生在学习过程中的表现，按学习活动评价表（表 3-3-7）中的评价项目和评价标准进行评价。

表 3-3-7　　　　　　　　　　　　　　学习活动评价表

学习活动：_____　　小组：_____　　学生姓名：_____

序号	评价项目		评价标准	配分	评分			得分小计
					自我评价 20%	小组评价 30%	教师评价 50%	
1	职业素质	课堂出勤	上课有迟到、早退、旷课情况的酌情扣 1～7 分	7				
		课堂纪律	有课堂违纪行为或不遵守实训现场规章制度的酌情扣 1～8 分	8				
		学习表现	上课不能认真听讲，不积极主动参与小组讨论的酌情扣 1～7 分	7				
		作业完成	不按要求完成工作页、课外作业的酌情扣 1～8 分	8				
		团队协作	不能按小组分工进行团结协作，影响小组学习进度的酌情扣 1～5 分	5				
		资料查阅	不能按要求查阅资料完成相关知识学习，不能完成课后思考问题的酌情扣 1～5 分	5				
		安全意识	没有安全意识，不遵守安全操作规程，造成伤害事故的酌情扣 1～10 分	10				
2	专业技能	激光切割工艺流程	不能正确编写工艺流程的酌情扣 1～10 分	10				
		工作计划	不能合理编写工作计划的酌情扣 1～10 分	10				
		小组分工	小组分工不合理或分工不明确的酌情扣 1～10 分	10				
		工作计划汇报	不能详细汇报本组工作计划或计划不明确的酌情扣 1～10 分	10				
3	创新	工作思路、方法有创新	工作思路、方法无创新的酌情扣 1～10 分	10				
合计				100				

学习活动4 任 务 实 施

 **学习目标**

> 1. 能填写领料单，领取工具、设备和材料并进行核对。
>
> 2. 能按照工艺文件要求，完成材料表面清理并使其达到切割要求。
>
> 3. 能检查并确认设备、工具、作业场地和周围环境等符合切割安全要求。
>
> 4. 能正确进行排样、号料、划线、标识移植等工作。
>
> 5. 能按照工艺文件要求调节切割工艺参数，严格按照操作规程进行材料切割；切割完成后将毛刺、氧化皮等清理干净。
>
> 6. 能与相关人员进行有效沟通，获取解决问题的方法和措施，解决工作过程中的常见问题。
>
> 7. 能积极主动展示工作成果，对工作过程中出现的问题进行反思和总结，优化加工方案和策略，具备知识迁移能力。

 学习活动描述

任务实施是本学习任务的核心，要求按计划领取设备、工具和材料并进行核对；完成设备的安装和检查；对原材料进行清理、放样、排样和划线；切割工件；割后清理；对工件质量进行自检等。

 子活动与建议学时

子活动1　激光切割准备（1学时）

子活动2　工件切割（2学时）

子活动3　学习活动评价（1学时）

学习准备

资料：教材、学习工作页、工艺文件和课件等。

工具：活扳手、旋具、钢丝钳、钢直尺、钢卷尺、游标卡尺、直角尺等。

材料：CO_2 气体、氮气、纯净水、铝板（管）等。

设备：激光切割机等。

安全防护用品：激光防护服、电焊手套、护目镜、防尘口罩、防护耳塞、焊工防护鞋、工作帽等。

子活动 1　激光切割准备

割前准备工作是实施切割的必要程序。焊工需根据切割的对象、设备、场地等情况做好相应的准备工作，并进行安全检查，确保切割工作能顺利实施。

一、领取设备、工具、材料

1. 根据工作计划表，填写领料单（设备、工具类）（表 3-4-1），领取并核对设备和工具的规格、型号和数量，将核对情况或替代情况填入备注栏。

表 3-4-1　　　　　　　　　　领料单（设备、工具类）

年　　月　　日

序号	名称	规格、型号	数量	备注

续表

序号	名称	规格、型号	数量	备注

领料：　　　　　　　　审核：　　　　　　　　仓库：

2．领取材料，填写领料单（工程材料），见表3-4-2。

表3-4-2　　　　　　　　　　　　　领料单（工程材料）

工程名称：　　　　　　　　　　　　　　　　　　　　　　　　　　第　　页

序号	名称	规格、型号	材质	单位	数量	备注

审核：　　　　　　　　编制：　　　　　　　　　　年　　月　　日

二、切割安全检查

1．安全防护用品检查

检查小组成员安全防护用品的穿戴情况，填写安全防护用品穿戴情况检查表，见表3-4-3。

表3-4-3　　　　　　　　　　　安全防护用品穿戴情况检查表

序号	名称	要求	检查情况	备注
1	护目镜	镜面干净		
2	防尘口罩	干净		
3	激光防护服	无破损		
4	电焊手套	无破损		
5	焊工防护鞋	无破损，鞋头保护正常		
6	防护耳塞	完整		
7	工作帽	完整		

2．周边环境安全检查

按表 3-4-4 所列周边环境安全检查的项目进行安全检查，记录检查情况及处理措施。

表 3-4-4　　　　　　　　　　　　　　　周边环境安全检查表

序号	检查项目	检查情况	处理措施
1	周边环境		
2	激光切割设备上的各种安全保护装置		
3	作业场所通风情况		
4	激光光路系统封闭情况		
5	现场安全标志、防护栏、隔离墙、屏风等隔离设施		

3．切割设备、工具安全检查

按表 3-4-5 所列切割设备、工具的安全检查项目进行安全检查，记录检查情况及处理措施。

表 3-4-5　　　　　　　　　　　　　　　切割设备、工具安全检查表

序号	检查项目	检查情况	处理措施
1	激光切割机		
2	激光切割头		
3	床身		
4	数控系统（包含软件）		
5	水冷机组		
6	空气压缩机		
7	稳压机		
8	除尘装置（低噪声离心通风机）		
9	供气系统		
10	活扳手		
11	钢丝钳		
12	游标卡尺		
13	钢直尺		
14	钢卷尺		
15	焊接检验尺		

子活动 2 工 件 切 割

一、铝合金工件激光切割

1．简述激光切割机的开机过程。

2．铝板切割过程

（1）简述导入图形的步骤。

（2）设置图层和工艺

1）图层设置

①通用参数设置。将铝板切割工艺参数填入表 3-4-6 中，并在切割设备上设定好各工艺参数，在模拟仿真过程中检查参数设置是否合理。

表 3-4-6　　　　　　　　　　　　　　　铝板切割工艺参数

板厚 / mm	焦点 / mm	切割速度 / （mm/min）	切割功率 / W	切割气体	切割气压 / （0.01 bar）	喷嘴高度 / mm	喷嘴直径 / mm	切割激光模式

②图层工艺设置。在图层工艺参数设置子界面下，可以对某一图层的工艺进行设置。

2）工艺设置。设置引刀线、加工顺序、加工方向、割缝补偿和阴切 / 阳切等。

（3）简述放料过程的注意事项。

（4）简述确定工件原点的操作步骤。

（5）简述仿真模拟、开始加工和卸料的操作步骤。

3．铝管切割过程

（1）简述设置管材尺寸、校平和分中、准备刀路的操作步骤。

（2）设置图层和工艺

1）图层设置

①通用参数设置。将铝管切割工艺参数填入表 3-4-7 中，并在切割设备上设定好各工艺参数，在模拟仿真过程中检查参数设置是否合理。

表 3-4-7　　　　　　　　　　　　　铝管切割工艺参数

板厚 / mm	焦点 / mm	切割速度 / （mm/min）	切割功率 / W	切割气体	切割气压 / （0.01 bar）	喷嘴高度 / mm	喷嘴直径 / mm	切割激光 模式

②图层工艺设置。在图层工艺参数设置子界面下，可以对某一图层的工艺进行设置。

2）工艺设置。设置引刀线、加工顺序等工艺，与铝板切割时相同，此处不再赘述。

（3）简述放料、仿真模拟、开始加工和卸料过程的操作步骤。

4．关闭设备。先关闭_____，再依次关闭【_____】、【_____】、【_____】、【_____】按钮，显示屏显示_____，选择_____，等待出现_____，再按【_____】按钮，关闭_____，按下【_____】按钮，关闭_____，关闭_____。

二、零件清理与自检

1．零件清理及标识

（1）零件清理过程及要求

根据产品的表面要求使用_____或_____对切割面及毛刺进行清理。当产品图样或工艺有明确规定时，按要求执行；当产品图样或工艺无明确规定时，清理零件时应满足哪些要求？

（2）标识

下料后，将零件按种类摆放整齐，做上_____，并附上_____，填写材料_____等，相似件要认真核对尺寸，不能混淆。

2．简述首件自检过程及要求。

三、工作收尾

1.简述余料处理过程。

2.激光切割设备、工具的整理。将使用后的设备、工具进行断电、复位、清理和清点，将检查情况填入表3-4-8中。

表3-4-8　　　　　　　　　　　　　检查记录

序号	检查项目	检查情况记录	备注
1	激光切割机		
2	激光切割头		
3	床身		
4	数控系统（包含软件）		
5	水冷机组		
6	空气压缩机		
7	稳压机		
8	除尘装置（低噪声离心通风机）		
9	供气系统		
10	活扳手		
11	钢丝钳		
12	游标卡尺		
13	钢直尺		
14	钢卷尺		
15	焊接检验尺		

3.周边环境安全检查。激光切割属于特种作业，切割过程中温度较高，容易引发火灾，因此切割作业后要认真检查作业现场及周边环境，确认安全后才可离开，按表3-4-9所列周边环境安全检查的项目进行安全检查，并做好检查记录。

表 3-4-9　　　　　　　　　　　　周边环境安全检查表

序号	检查项目	检查情况	备注
1	周边环境		
2	激光切割设备上的各种安全保护装置		
3	作业场所通风情况		
4	激光光路系统封闭情况		
5	现场安全标志、防护栏、隔离墙、屏风等隔离设施		

子活动 3　学习活动评价

一、学习成果展示

1．各小组可以通过照片、视频、课件等形式，展示本组在本次学习活动中的学习成果，讲述本组的优势，其他小组对展示进行评价并记录。

优势记录：

评价情况记录：

2．小组长汇报学习过程中出现质量问题的原因及解决措施，教师进行点评，并记录在表 3-4-10 中。

表 3-4-10　　　　　　　　　　　　质量分析记录表

质量问题	产生原因	解决措施	处理结果

二、填写学习活动评价表

根据学生在学习过程中的表现，按学习活动评价表（表3-4-11）中的评价项目和评价标准进行评价。

表 3-4-11　　　　　　　　　　　　　　　　　学习活动评价表

学习活动：_____　　　小组：_____　　　学生姓名：_____

序号	评价项目		评价标准	配分	评分			得分小计
					自我评价 20%	小组评价 30%	教师评价 50%	
1	职业素质	课堂出勤	上课有迟到、早退、旷课情况的酌情扣1～5分	5				
		课堂纪律	有课堂违纪行为或不遵守实训现场规章制度的酌情扣1～7分	7				
		学习表现	上课不能认真听讲，不积极主动参与小组讨论的酌情扣1～7分	7				
		作业完成	不按要求完成工作页、课外作业的酌情扣1～8分	8				
		团队协作	不能按小组分工进行团结协作，影响小组学习进度的酌情扣1～5分	5				
		资料查阅	不能按要求查阅资料完成相关知识学习，不能完成课后思考问题的酌情扣1～5分	5				
		安全意识	没有安全意识，不遵守安全操作规程，造成伤害事故的酌情扣1～8分	8				
2	专业技能	领取并核对设备、工具和材料	不能正确填写领料单，领取并核对设备、工具和材料的酌情扣1～7分	7				
		表面清理	不能正确使用设备进行表面清理或清理达不到要求的酌情扣1～5分	5				
		熟练编程	不能熟练编程的酌情扣1～8分	8				
		安全确认	不能或没有对场地、设备进行安全确认的酌情扣1～5分	5				
		实施切割	不能按工艺卡要求进行切割的酌情扣1～10分	10				
		割后清理	不能正确使用工具进行割后清理的酌情扣1～5分	5				
		自检	不能或没有进行自检的酌情扣1～5分	5				
		工作收尾	不能按要求进行工作收尾的酌情扣1～5分	5				
3	创新	工作思路、方法有创新	工作思路、方法无创新的酌情扣1～5分	5				
合计				100				

学习活动5 质量检验

学习目标

1. 能明确激光切割质量检验标准。

2. 能正确使用检验工具，运用正确方法检验激光切割质量并进行记录。

3. 能与相关人员进行有效沟通，获取解决问题的方法和措施，解决工作过程中的常见问题。

4. 能积极主动展示工作成果，对工作过程中出现的问题进行反思和总结，优化加工方案和策略，具备知识迁移能力。

学习活动描述

割件切割完成后，即将转入下一个生产工序即安装，为了保证安装工作顺利进行，在割件转入下一工序前要进行质量检验，防止不合格的割件给安装、焊接工作带来不利影响，最终影响产品质量。要求质检员熟知质量标准，能够采取合适的检验工具和方法进行检验，高质、高效地完成质量检验工作。

子活动与建议学时

子活动1 切割质量检验（1.5学时）

子活动2 学习活动评价（0.5学时）

学习准备

资料：教材、学习工作页、工艺文件和课件等。

工具：钢直尺、游标万能角度尺、石笔、游标卡尺、直角尺、放大镜、塞尺等。

材料：铝合金切割工件等。

安全防护用品：激光防护服、电焊手套、护目镜、防尘口罩、焊工防护鞋、工作帽等。

子活动 1　切割质量检验

切割质量检验是发现缺陷、避免发生安全事故的主要措施。切割后需根据检验结果对存在的问题进行分类处理。

一、激光切割质量检验标准

1. 查阅国家标准《一般公差　未注公差的线性和角度尺寸的公差》（GB/T 1804—2000），明确本次学习任务的质量检验标准，将表 3-5-1 的直线度标准和表 3-5-2 的其他尺寸标准补充完整。

表 3-5-1　　　　　　　　　　　　　　　　直线度标准

切割方式	直线度基本长度的范围 /mm					
	（0，10]	（10，30]	（30，100]	（100，300]	（300，1000]	（1000，3000]
激光						

表 3-5-2　　　　　　　　　　　　　　　　其他尺寸标准

切割厚度 /mm	宽度 /mm	孔直径 /mm	孔距 /mm	表面粗糙度	坡度	挂渣
3						
>3 ~ 6						

2. 根据图 3-5-1 所示工件外观，阅读激光切割作业指导书及图样技术要求，总结本次学习任务对外观质量的要求。

a)

b)

图 3-5-1　工件外观

a）合格样品示例　b）不合格样品示例

3．简述质量检验方法的内容。

二、检验方法

1．质量检验方法及要求

将本次割件质量检验项目所使用的检验方法及要求填入表 3-5-3 中。

表 3-5-3　　　　　　　　　　铝合金割件质量检验方法及要求

序号	检验项目	检验方法	质量要求
1	外观		
2	尺寸		
3	几何公差		

2．割件标识及放置

（1）经检验合格的工件放置于＿＿＿＿＿＿＿或＿＿＿＿＿＿＿区，集中叠放，每＿＿＿件一叠，注意正反面方向。

（2）经检验不合格的工件须贴＿＿＿＿＿＿＿，并与合格品隔离，放入＿＿＿＿＿＿＿区，以免混淆合格品。

三、质量检验

1．对割件进行质量检验，将检验结果记录在表 3-5-4 中。

表 3-5-4　　　　　　　　　　　　　质量检验结果记录表

序号	检验项目	检验记录
1	外观	
2	尺寸	
3	几何公差	

2．各小组根据质量检验结果记录表（表 3-5-4）进行质量分析，并计算合格率。

子活动 2　学习活动评价

一、学习成果展示

各小组由质检员汇报本组割件质量检验情况，简述本组在激光切割过程中采用哪些方法控制切割质量。

二、填写学习活动评价表

根据学生在学习过程中的表现，按学习活动评价表（表3-5-5）中的评价项目和评价标准进行评价。

表3-5-5 学习活动评价表

学习活动：_____ 小组：_____ 学生姓名：_____

序号	评价项目		评价标准	配分	评分			得分小计
					自我评价 20%	小组评价 30%	教师评价 50%	
1	职业素质	课堂出勤	上课有迟到、早退、旷课情况的酌情扣1～7分	7				
		课堂纪律	有课堂违纪行为或不遵守实训现场规章制度的酌情扣1～8分	8				
		学习表现	上课不能认真听讲，不积极主动参与小组讨论的酌情扣1～7分	7				
		作业完成	不按要求完成工作页、课外作业的酌情扣1～8分	8				
		团队协作	不能按小组分工进行团结协作，影响小组学习进度的酌情扣1～5分	5				
		资料查阅	不能按要求查阅资料并完成相关知识学习，不能完成课后思考问题的酌情扣1～5分	5				
		安全意识	没有安全意识，不遵守安全操作规程，造成伤害事故的酌情扣1～10分	10				
2	专业技能	质量标准	不能根据国家标准制定质量检验标准的酌情扣1～10分	10				
		质量检验	不能正确使用检验工具进行质量检验的酌情扣1～20分	20				
		合格率	合格率每降低10%扣2分，扣完为止	10				
3	创新	工作思路、方法有创新	工作思路、方法无创新的酌情扣1～10分	10				
合计				100				

学习活动 6　总结与评价

学习目标

　　1. 能正确撰写本学习任务的工作总结。

　　2. 能与相关人员进行有效沟通，获取解决问题的方法和措施，解决工作过程中的常见问题。

　　3. 能积极主动展示工作成果，对工作过程中出现的问题进行反思和总结，优化加工方案和策略，具备知识迁移能力。

学习活动描述

　　总结本学习任务中哪些方面做得较好，取得了很好的学习效果，哪些方面还存在问题，对小组学习造成阻碍，找到解决方法。在以后的学习任务中尽可能发挥优势，克服困难，使小组学习进入良性循环。

子活动与建议学时

子活动 1　工作总结（1.5 学时）

子活动 2　学习任务评价（0.5 学时）

学习准备

资料：教材、学习工作页、工艺文件和工作总结样例等。

设备：多媒体。

子活动1 工作总结

一、个人工作总结

1. 撰写铝合金激光切割学习任务工作总结（要求500字左右）。

2. 小组讨论，按下列评分标准对各小组成员的工作总结打分，每组选出前2名参加班级评选。班级评选出前3名同学的工作总结进行展示。

评分标准：格式正确（2分）；字迹清晰、工整（2分）；实事求是，不弄虚作假（4分）；条理清楚（2分）。

二、小组工作总结

由小组长撰写铝合金激光切割学习任务的小组工作总结。

子活动 2 学习任务评价

本次评价是对整个学习任务进行综合评价，要全面考虑各小组及成员在每个学习活动中的学习成果及表现，因此评价时要做到客观、公正。

一、评价方法

本学习任务的评价方法采用过程性考核与阶段性考核相结合的方式。

二、评价项目

过程性考核采用自我评价、小组评价和教师评价相结合的方式进行考核，让学生学会自我评价，教师要善于观察学生的学习过程，结合学生的自我评价、小组评价进行综合评价并提出改进建议。

阶段性考核主要侧重于学生课堂学习的表现、作业完成情况、考核方式 3 个方面。课堂考核包括出勤、学习态度、课堂纪律、小组合作与展示等情况。作业考核包括工作页的完成情况、课后作业和课前预习等情况。考核方式包括理论测试、实操测试和表述测试。

三、学习任务综合评价

在教师指导下，本着实事求是的态度，将个人的过程性考核和阶段性考核成绩填入表 3-6-1 中，交给教师进行审核。

表 3-6-1 学习任务综合评价表

序号	学习活动名称	考核性质	考核得分	考核占比 /%	学习活动得分	学习活动在综合评价中占比 /%	学习活动综合评价得分
1	明确工作任务	过程性考核		80		10	
		阶段性考核		20			
2	技能准备	过程性考核		40		20	
		阶段性考核		60			
3	制订计划	过程性考核		60		15	
		阶段性考核		40			
4	任务实施	过程性考核		50		35	
		阶段性考核		50			
5	质量检验	过程性考核		50		10	
		阶段性考核		50			
6	总结与评价	过程性考核		50		10	
		阶段性考核		50			
学习任务综合评价得分							